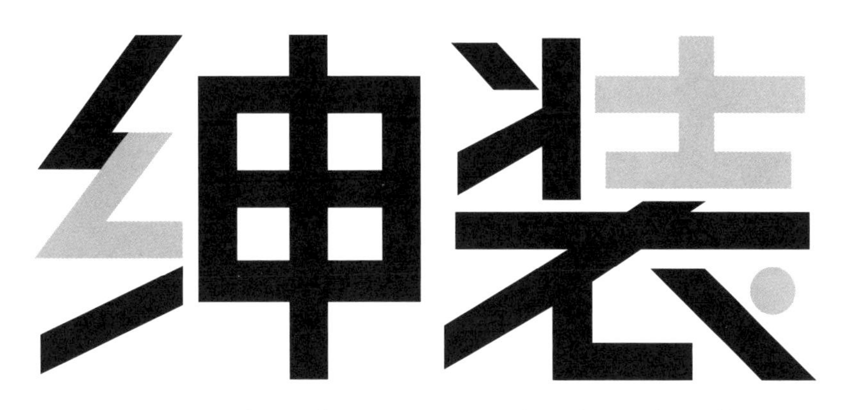

一 书 读 懂 中 国 男 士 场 合 着 装

GENTRY ATTIRE

浙江乔顿服饰股份
有限公司 ——————— 著

中国纺织出版社有限公司

内 容 提 要

什么是绅装?

绅装——以西装为核心品类的现代男士场合着装体系。

绅装是现代西式服装与中国本土绅士精神的结合。“仓廪实而知礼节”，场合着装势在必行。乔顿品牌基于在绅装领域深耕多年的探索与经验，通过这本书的文化输出打造国内绅装概念，丰富品牌内涵，提升中国服装话语权。同时乔顿力求打造一本关于中国男性场合着装的搭配指南，以人、衣、场三重维度，帮助中国男性消费者构建属于自己的着装方法论和绅装解决方案，力求让所有人能够一书读懂中国男士场合着装。

图书在版编目（CIP）数据

绅装 / 浙江乔顿服饰股份有限公司著. -- 北京 ：中国纺织出版社有限公司，2024. 10. -- ISBN 978-7-5229-2178-5

Ⅰ. TS941.718

中国国家版本馆 CIP 数据核字第 2024Y6C317 号

责任编辑：刘晓青　　责任校对：高　涵　　责任印制：王艳丽

中国纺织出版社有限公司出版发行

地址：北京市朝阳区百子湾东里 A407 号楼　邮政编码：100124

销售电话：010—67004422　传真：010—87155801

http://www.c-textilep.com

中国纺织出版社天猫旗舰店

官方微博 http://weibo.com/2119887771

北京华联印刷有限公司印刷　各地新华书店经销

2024 年 10 月第 1 版第 1 次印刷

开本：787 × 1092　1/16　印张：15.5

字数：200 千字　定价：198.00 元

何以“新绅装”

时尚是人类文明进程中孕育的明珠。中国时尚产业的发展与国家富强、民族振兴、人民幸福同频共振，承载着物质创造与精神创新的协调与统一，彰显着国家实力与文化影响的提升与跃迁，凝结着人民对美好生活的向往与追求。步入新时代，时尚更应该成为中国式现代化的创新风向标、价值底座与文化符号。

作为极具代表性的时尚表达，绅装美学的轮廓初成与渐入佳境，不仅折射出中国服装产业的高质量发展，更映照出当代中国男性独特的气度风神、行走的人格语言以及个性的魅力符号。

温州，底蕴深厚、绅装集聚的中国男装名城。一批优秀的绅装企业由此诞生，汇聚成中国绅装创新的一股源头活水。生于温州、长于温州的乔顿品牌，即为其中具有创新实验精神的代表性品牌。致力于推动绅装文化，打造中国绅装节，倡导绅装生活美学，乔顿在创意设计、品牌培育、智能制造、责任发展等方面都具有出色的行业实践与价值结晶。

《绅装》，从概念到形式，从学术到市场，从产业到生活，意在重启消费市场对绅装文化的知识普及与深度认知，梳理绅装产业全新的风格重塑与场景延伸，挖掘绅装美学的精神共鸣与价值认同。相信这样的探索，势必会让“新绅装”因时而变、应需而生，不只体现在“王谢堂前”，更体现在“寻常生活”，一扫男性着装惯常的沉闷与粗糙，对现实生活产生真实影响，重塑“日用即为道”的意趣与情趣。

新绅装是品质的，立足于人民美好生活，承载新的生活方式——从品质成衣到个性定制，从商务洽谈到日常通勤，从休闲聚会到城市运动，随着生活场景的延展与融合，新绅装正打破正装的界限，向生活的更多维度实现立体的渗透。

新绅装是审美的，立足于文化自信自觉，承载新的时尚美学——从品质、品味到品行，从容仪之善到礼仪之道，新绅装正以别具匠心的设计语言，隐喻中国男性的智慧与哲思、气度与神韵，演绎独特的东方美学。

新绅装是国际的，立足于对外开放交流，承载新的国民形象——从经贸合作到政商谈判，从文化交流到大国外交，新绅装正凸显出中华民族的胸怀与格局、风骨与风尚，构筑魅力担当的大国气象。

正是基于新绅装内在的品质、审美与国际性，决定了它当下逢山开路、逢水架桥的魄力与使命，也决定了它未来厚积薄发、大放异彩的潜能与后劲。乔顿牵头编撰的这本《绅装》，既体现实用指南也蕴含深远意义，不仅孕育一个品类多维的时空价值，更能延展一个产业多彩的生命张力、呈现一个国家多元的风格样貌。

“一代之兴，必有一代冠服之制。”党的二十大描绘了全面建设社会主义现代化国家、全面推进中华民族伟大复兴的宏伟蓝图，开启了中国式现代化的新篇章。新绅装，作为当代服饰文化的重要载体，是展现可信、可爱、可敬中国形象的一扇美丽窗口，也是中国式现代化惠及人民群众、实现共同富裕的一个微缩图景。并且，新绅装所呈现的“共同富裕”景观，不仅指向物质层面商机涌动的活力与富足，更指向精神层面审美进化的底蕴与丰裕。

未来，随着中国式现代化的推进，期待越来越多的绅装品牌，以华服之美、锦绣之功，“在一起、向前进”，拓展新机遇，树立新审美，打造享誉世界的品牌，牢筑时尚强国之基，为实现中华民族的伟大复兴再添锦绣！

孙瑞哲

中国纺织工业联合会会长

以衣载道，中国新绅士的日月入怀

古有男子“积石如玉，列松如翠”“濯濯如春月柳，轩轩如朝霞举”；今有中国新绅士“日月入怀，家国为大”的风度和气质，眼界与胸怀——对中国的英雄男儿来说，不变的，是谦谦君子德，才华秀拔春兰馥；变化的，是更长的历史跨度，更广的时空范围，更复杂的发展格局，更重大的责任要求。

“衣者，依也，人所依以庇寒暑也。”又何止抵御寒暑？人以衣装，立于天地之间，亦是以衣为媒，内美修能；以衣载道，精神毕现。

很高兴能看到有这样一本书，与世俱化，与时俱新，起于专业，而不止步于专业，真正在面向、解析、构建新的生活形态：《绅装》围绕“人、衣、场”的维度，面对具有深厚历史积淀的绅装文化，着重构建以西服为核心的现代男士场合着装体系，给出了一个如何“合心、合体、合场”的科学着装方案。由此，每个人都可以乐游其间，找到适合自己的衣着类型，锻造形神，适配场合，彰显个性，焕发风貌。

对于“绅装”这样一个较新的研究领域而言，这本书撰写过程之艰辛，可想而知。乔顿品牌与《中国服饰》的总编辑刘晓青女士，亦为之付诸了巨大心力，以求解中国新绅士的身份新定义与风格新流变。在我看来，这本书的价值之处，还在于超越时尚的“皮相”之外，开创性地指向了中国新绅士的风骨与型格：“自信、格局、品位、责任”——作为一个无形的“声誉群体”，中国新绅士的影响力，有效建立在智识和职业之上，在职场与生活中，隐忍的坚持，智慧的预判，利落的抉择，这些特殊的人格魅力，通过得体的服饰语言，落地多元的场景，得以精准表达，和谐统合，服饰语言与形体语言的转换，最终达到“身”与“心”的革新。

与此同时，书中所呈现的一系列“绅装故事”，通过一个个风采盎然的中国新绅士的丰富立面，也带我们走向了这些卓越男性的审美世界与现实生活。我想，《绅装》希望传递的，一方面，正是中国男性“爱穿、敢穿、会穿”的观念与技艺——于当下，这是“游于艺”的技法层面；另一方面，中国新绅士已经到了一个以形象语言为价值媒介，表达独特、独有、独立的“中国式”世界观、生活观与价值观的阶段——于未来，这是“志于道”的心法层面。

面对时代的演进，真正有力量的男性，需要建立如何科学“甄别美”、准确“判断美”、理性“抉择美”、主动“创造美”的自我认知体系，经由对美的自我研析，锻造更有主见的价值主张，建立更有深度的心智模式。从这个意义上来看，“衣品”的锤炼，亦是“人格”的修炼——毕竟，现如今，不修边幅的“筚路蓝缕”，并不能等同于隐逸高尚的高士气节；元素堆砌下的“孔雀开屏”，亦不能等同于华美高贵的时尚品味。服饰美学的背后，本质上是关乎热爱的“生活美学”，关乎取舍的“职场美学”，关乎尊重的“人际关系美学”……它是真正的“以少许许，赢多许许”。

也许，对于一个好的身段而言，并不只是女人才有凹凸的曲线，男人，一样有张弛有度的内在质地与细腻肌理，一样有可以叫人过目不忘的风神、风骨与风韵。不管世界如何纷乱、逼仄与焦虑，他总能着一身干净挺括的衣衫，以一颗赤子之心，利他之心，大爱之心，保持内心的稳定节奏，以清朗本真的面目，成事，造物，达人，以此完成与世界的对话，能量的流动，最终盛开“遨游自得”之气象，成就“山高水长”之气度。

“鹏北海，凤朝阳。又携书剑路茫茫。”衷心希望，乔顿牵头撰写的这本书，可以引领更多的中国男性，成为“神仪明秀、丰神飘洒”的中国新绅士。这一本书，也能成为中国男性认识自己、加持自己指间的琴，手中的剑。

有情有肝胆，亦侠亦温文。以衣载道，是以为序。

王晴颖

中国纺织信息中心首席时尚研究员

重新定义“绅装”，从本书开始

衣着是风尚的缩影、时代的语言。时尚因人而异、随时而迁，服装的变化所展现的不仅是个人审美情趣和生活方式的表达，更是社会精神风貌与价值追求的跃变。西服作为通用的国际化着装，在改革开放四十多年中，紧贴我国时代发展的脉搏，释放了无限的潜能。

近年来，在消费升级的推动和消费理念的转变下，中国男士变得更加注重风格与时尚，更愿意对自己的形象进行投资。可以看到，着装文化在发展的过程中，不仅塑造着中国的国民形象，更彰显着中国男士在新时代中的文化自信。

“仓廪实而知礼节”，场合着装势在必行。乔顿作为国家西服、大衣标准制定参与者，深耕西服行业28年的男装品牌，始终坚持“一件事，一件西服”，专为儒雅睿智的精英男士，提供“合心、合体、合场”的全场景配装，以及专属个性化的高级定制服务。

自创立以来，乔顿始终致力于倡导着装文化。

2017年，乔顿联合东华大学专家团队耗时数月，以321万条数据为基础，发布中国首个商务男士着装大数据。

2018年，在中国服装协会指导下，乔顿发起筹建中国商务男装研究中心，开展包括但不限于商务男装领域的流行趋势、市场现状等研究发布工作，推行符合中国文化自信与产业自信的相关指南和推荐性标准，倡导新时代中国商务着装文化，以促进中国商务男装产业高质量发展；同年，与东华大学科研团队共同发布《中国企业家最佳着装榜》。

2019年，乔顿联合中国商务男装研究中心发布《中国商务男士场合着装白皮书》。

2021年3月，第一届中国（温州）绅装文化节落地温州市公园路历史文化街区，来自全国各地的120名西装爱好者、商务精英参加绅装漫步、复古骑行、街区打卡等绅装文化活动，并设立西服文化展馆，将西服文化、温州服装产业链历史再现。

2022年11月，第二届中国（温州）绅装文化节上，乔顿将“把西装穿进日常”的理念更精准地置入生活场景，落地瓯江路IRON-BOX1.8联创街区，携手诸多优秀的异业品牌，融合户外生活，以市集的形式诠释绅装文化节的主题。活动期间还通过绅装漫步、双层巴士巡游等方式，吸引更多人群关注和参与，力争把绅装文化节打造成民众与绅装文化互动交流的平台。

2023年11月，第三届中国（乌镇）绅装文化节，乔顿开启绅装万里行的第一站，将绅装文化与江南水乡结合，在传统古韵的基础之上加以新的诠释，在经典中寻找突破，同《中国服饰》联合举办绅装文化沙龙，宣扬当代绅士不仅要有得体的形象，还要有过人的修为，方可永立时代潮头，善勇精进。

“文章合为时而著，歌诗合为事而作。”正是基于乔顿一直以来在绅装文化方面做出的探索与努力，由中国商务男装研究中心、浙江乔顿服饰股份有限公司牵头组织，中国服装协会、北京服装学院、《中国服饰》杂志、中国纺织出版社有限公司共同支持的《绅装》得以面世。本书希望通过更加系统化、理论化的内容输出，打造更加深入人心的当代男士场合着装体系，让更多人能找到适合自己的着装，构建以当代中国绅士精神为内核的绅装文化，提升以场合着装为基础的中国男性着装品位与自信，推动中国商务男装产业发展。

重新定义“绅装”，就从本书开始。《绅装》通过人、衣、场三重维度，从绅士精神、服饰文化等角度全新定义“绅装”概念，并通过TPO原则及ORS工具帮助中国男性消费者构建属于自己的着装方法论和绅装解决方案，力求让所有人能够一书读懂中国男士场合着装。

那么，什么是绅装？

绅装——以西装为核心品类的现代男士场合着装体系。人们外显的着装和行为，能够透露其内在的心理和自身的志趣，在培养内涵的同时，提升穿搭品位，内外兼修，才是绅士的完整呈现。或商务或日常，或精致或随意……不得不承认，通过得体合身且符合场景的着装所展现出自信昂扬的绅士形象，的确可以赢得他人的注意、信任与尊重。

凭借对绅装文化的热爱，《绅装》与你不期而遇，希望它的问世，能够唤起当代更多男士对西装的重视和尝试，进一步推动中国绅装文化的普及和时尚产业的发展。随着“他经济”的不断升温，场合着装及绅装文化也必将会被越来越多人喜爱，最终打造出属于国人的西装文化IP，尽显大国“绅”度。

沈应琴

浙江乔顿服饰股份有限公司董事长

前言

绅装：人 · 衣 · 场

中国素有“礼仪之邦”“衣冠王国”的美誉，关于着装与人的关系，早在《礼记》之中便有这样的论述：“凡人之所以为人者，礼义也。礼义之始，在于正容体、齐颜色、顺辞令。”通俗地理解，就是人之为人，在于礼义，而礼义的发端，是从注重衣着仪容以及言谈举止这些细节开始的。

所以，孔子说，“君子不可以不学，见人不可以不饰。不饰无貌，无貌不敬，不敬无礼，无礼不立”。着装要遵守礼仪，这是安身立命的基准，它体现了人的社会性。当然，着装也是一种自我表达。中国古代有“文如其人”一说，而来自西方的着装顾问威廉·索尔比（William Leo Thourlby）则提出了“衣如其人”的说法。

在《衣如其人：商业成功的关键》（*You Are What You Wear: The Key to Business Success*）这本书中，索尔比提出，货架上琳琅满目的商品都有自己的包装，而形形色色的人们，他们的着装也仿佛是自身的一种包装。着装可以帮助人们赢得他人的注意、信任与尊重，对于商务人士而言，它不仅关乎个人发展，还会影响公司的业务。

其实，何止是商务人士，每个人的着装都关乎个人发展。服装仿佛无声的语言，向外界传递着丰富的个人信息，也彰显着人们的内心世界。所以，着装是人们内在品格与生活方式的一种外化表现。它关乎每个人的形象，也由此影响着外界如何看待我们，如何对待我们，甚至在一些重要的情境场合，有可能会决定个体的命运。

说到情境场合，它对着装的影响十分重要。特别是绅装，尤其讲求场合着装。不同的人，有不同的内在自我与外在场合需求。无论是求职还是求婚，每个人都需要利用着装来适应社会情境，适时适度表达自我。因此，本书谈论的绅装，不再是简单的衣服，它最终要回归到人，回归到社会情境中的人，由此形成人、衣、场的互动关系。

而透过“人、衣、场”的梳理分析，本书希望与你一道构建着装方法论，建立专属的绅装解决方案。不论你是较少接触绅装的入门用户，还是对于绅装得心应手、乐此不疲的高阶用户，或者只是和大多数人一样，穿着绅装来应对一些社交需求的职业用户，都希望这本书成为你的绅装顾问。

穿对场合，穿出风格。今天，绅装已经融入日常生活，实现了更为时尚多元的表达。穿着绅装，不仅可以塑造良好形象，穿出自信与成功；还可以为生活增添乐趣，穿出个性与品味。同时，穿着绅装也有助于提升自我价值感与自我满意度，为穿着者赢得他人的认同与尊重。

所谓合宜得体，自在成功。在此，祝愿各位读者都能“合心、合体、合场”地穿着绅装，让我们一起解锁绅装的世界。

浙江乔顿服饰股份有限公司

2024年9月

目录

第一章　定义绅装

01　绅装：现代男士场合着装体系

走出西服的认知误区　/　2

探寻东西交融的时代精神　/　4

提升场合适配与形象价值　/　5

02　绅装简史：从形式到观念

一分为二：确立男装的基本形式　/　6

华丽的法式：合体的三件套　/　7

伟大的放弃：从样式到审美的变革　/　8

实用至上：现代绅装的诞生　/　10

美式风格：绅装成衣化　/　11

推广普及：规则体系化　/　12

孔雀革命：绅装时尚化　/　13

03　中国绅装：从传统到现代

古代绅装：社会身份的标识　/　14

西风东渐：交融并存　/　16

绅装现代化：消失与复兴　/　18

04　绅装趋势展望

绅装休闲化：宽松职场　/　20

绅装日常化：回归生活　/　21

绅装多样化：场合细分　/　23

绅装时尚化：形象升级　/　24

第二章　绅装型格

01 “型”的认知

自我认知：你的身材标准吗？ / 28

对号入座：找准你的号型 / 29

体型分类：中国标准 / 30

脸型与领型：视觉重点 / 32

穿出自信：由内而外 / 34

后天塑造：扬长避短 / 35

02 “格”的分类

体型与性格：三分法 / 37

气质与性格：四分法 / 38

网红测试：MBTI的十六型人格 / 39

性格与着装：君子和而不同 / 41

03 绅装品格

绅装态度：自律与尊重 / 44

绅装与绅士：精神溯源 / 45

中国士绅：修齐治平 / 47

绅士进化：企业家精神的融入 / 47

中国新绅士：自信　格局　品位　责任 / 49

04 绅装型格

基本型格：经典版型 / 53

改良创新：日式风格 / 55

兼收并蓄：中国型格 / 56

型格测试：更新迭代 / 57

第三章　绅装衣橱

01 绅装体系

礼服与常服 / 64

套装与单西 / 65

单西与夹克 / 66

西服的款式要素 / 68

常见的西服款式 / 69

02 西服套装示例

经典百变：平驳领套装 / 72

攻守平衡：戗驳领单排扣套装 / 74

时髦利器：戗驳领双排扣套装 / 75

03 单西示例

独具魅力：布雷泽 / 77

休闲百搭：西装夹克 / 78

04 其他常见的绅装品类

衬衫 / 82

领带 / 84

大衣/外套 / 87

短袖衬衫 / 90

POLO衫 / 92

05 绅装衣橱建议

置装=投资：基本款为主 / 94

稳中有变 平衡协调 / 95

打造绅装衣橱 / 97

第四章 场合着装

01 场合着装方法论

场合着装：原则与规则 / 104

场合化思维：TPO原则 / 105

规则系统：Dress Code / 107

场合着装：ORS工具 / 109

02 场合着装地图

场合着装：底层架构与评估维度 / 112

场合着装要点：细分层级 抓住关键 / 114

场合着装参考示例 / 122

03 场合着装规则与建议

白领结：第一礼服 严谨担当 / 133

黑领结：精致有型 出镜率高 / 134

晨礼服：日间礼服 传统复古 / 136

鸡尾酒会礼服：灵活多变 见机行事 / 137

商务套装：功能兼顾 切换自由 / 140

便装：轻便舒适 自由得体 / 141

主题/创意着装：闪耀个性 追求创新 / 143

着装规则的传承与变迁 / 144

04 婚礼专题

婚礼的场合分析 / 146

实用婚礼服搭配建议 / 151

中式风格：融入现代生活 / 152

第五章　绅装形象

01 搭配原理与规则

绅装搭配原理 / 158

绅装搭配规则 / 161

02 绅装搭配技巧

色彩搭配技巧 / 165

避免工服效果：穿出质感与态度 / 170

打造视觉亮点 / 172

升级绅装段位 / 174

注重完整性与层次感 / 175

03 形象管理

印象管理：着装中的光环效应 / 179

第一印象：服装是一种无声的语言 / 181

形象管理：协调三原则 / 182

第六章　绅装故事

梁福：绅装是时间的沉淀与打磨 / 189

陈文彬：绅装的兼容性与自由度 / 194

李松：绅装是一种社会性着装 / 199

齐光亮：绅装是谦谦君子的风度 / 204

叶建敏：绅装与生活美学 / 208

赵扬：绅装见证我的艺术人生 / 212

许耕：绅装情结成就形象优势 / 217

朱红胜：绅装是一种无形的教育 / 221

参考文献 / 227

后记 / 229

第一章

定义绅装

DEFINE GENTRY ATTIRE

PART 1

当我们谈论绅装的时候，我们在谈论什么？

中国人做事，讲求名正言顺。因此，开宗明义，本书首先从定义绅装入手，不做学术的讨论，而是透过文化、历史与时尚趋势的脉络，去展现绅装的可能性。

01

绅装：现代男士场合着装体系

本书聚焦中国男士的场合着装与形象塑造，之所以采用绅装而不是西服或者正装的说法，是希望扩大男士着装的讨论范畴，尽可能涵盖更多的生活场景与着装选择。同时，采用绅装的说法，可以突出人、衣、场的互动关系。西服这个词，侧重点是“西”，有地域之别；而绅装的侧重点是“绅”，回归到人，是从人的角度出发，寻求着装的共同点。不论东方还是西方，绅装强调的，是穿着者的着装态度与内在品格。正可谓英雄不问出处，绅装无问西东。

由此，本书提出绅装的定义——绅装是以西服为核心的现代男士场合着装体系。场合着装是绅装的核心理念，绅装是全场景的着装解决方案。

走出西服的认知误区

说起西服，很多人头脑中的第一反应，就是较为正式的西服套装，或是所谓的正装、职业装。对此，人们往往有严肃、拘谨、呆板、难打理、不实穿等刻板印象。

其实，这些一板一眼、中规中矩的印象，恰恰说明人们并不了解西服。纵观绅装的发展历史，我们今天所谓的西服，起源于维多利亚时期的休闲便装，它因舒适实用而逐渐流行，最初并不是一种正式的着装。随着时代的发展，西服的种类和款式也变得十分多样化，西服套装只是其中的一种。今天，它既可以用于比较严肃的商务社交场合，也可以通过面料、色彩以及搭配的变化，减少那种所谓的正式感，去掉“班味儿”，轻松融入生活场景（图1-1）。所以，西服本身没有问题，问题是很多人对它的认知存在偏差。为此，我们切换到绅装这个概念，借此走出西服的认知误区。

图1-1 西服具备多样性：融入生活的休闲套装

探寻东西交融的时代精神

西服有广义与狭义之分，对应的英文单词也有所不同。早在21世纪初，国内的服装教育专家清华大学美术学院的李当岐教授就曾经出版过《西服文化》一书，其英文标题为*WESTERN-STYLE CLOTHES*。这是对西服的广义说法，即相对于中式服装而言，西服泛指西式服装。而从狭义的角度来理解，西服类似于日语中的洋服，主要是指20世纪初自西方传入中国的男装样式，它以西式套装SUIT为代表，具有开襟、系扣、翻领、驳头、口袋等基本元素。

总体来看，不论是广义还是狭义，西服的说法都带有一种“舶来品”的感觉。不过，自近代开埠通商，西服进入中国，如今已有百余年的历史。这期间，西服在中国的文化语境下落地生根，融入了国人的日常生活。所以，在这种文化的碰撞交融中，西服不再是纯粹的“舶来品”。而本书采用绅装的说法，也是希望借此挖掘西服与中国文化乃至国人日常生活的内在联结，在尊重国际惯例的前提下，探讨适合中国情景的现代男士着装解决方案。

历史地看，不论形制还是材质，西服并不是一成不变的。绅装的发展演进，其实代表了男装的现代化。而作为现代服饰文明对中国的一种影响，绅装也留影于中国现代化进程的每一次重大变革和重要时刻。所以，不论西方还是东方，推动变革的力量，始终是时代的更迭与身处时代洪流中的人。从这个意义上来看，绅装是时代精神的体现，不同时代，不同国家，都在向绅装文化输出自己的影响。

因此，采用绅装这个概念，不仅可以体现出东西交融的时代精神，而且有一种古为今用、洋为中用、兼容并蓄的气度，有助于提升中国男士的着装自信与着装品位。当下，中国已经成为全球绅装产业大国，弘扬民族自信，主张把“把西服穿进日常”，可以运用绅装这个概念，寻求中西文化的共鸣，进一步探讨中国式现代化的男士着装解决方案。

提升场合适配与形象价值

不同于西服的刻板印象，人们对于绅装有一些比较中性和正面的评价。一部分是对于个人气质的判断，另一部分是对于职业与着装场合的推测。人们普遍认为绅装可以帮助穿着者打造良好的形象，适配场合，提升个人气场。

具体来看，人们对于绅装穿着的印象评价，总结起来主要有这样几方面。

（1）关于职业的一些联想，比如会认为穿着者的工作对着装是有要求的；或者对职业进行一些猜想，主要集中在专业人士方面，比如律师、教师。

（2）关于个人情况的一些推断，主要是四个维度。

①品质维度，认为穿着者生活精致，重视个人形象，甚至上升到生活品质的层面，认为穿着者是一个对生活有追求的人。

②成熟维度，认为穿着者有威严、稳重、年长。

③效率维度，认为穿着者干净利落，人看起来很精神。

④家庭维度，认为绅装穿着受到家庭的影响，这种习惯来自传承，也可能是家风严谨。

（3）关于场合的一些判断，比如认为穿着绅装是出于礼貌，令人感觉体面、优雅，有正式感，比较隆重。

由此，回到问题的原点，当我们谈论绅装的时候，我们到底在谈论什么？

其实，我们谈论的是如何塑造得体的形象，如何“合心、合体、合场”地着装。绅装是以西服为核心的现代男士场合着装体系，每个人都可以在其间找到适合自己的衣着类型，适配场合，以此提升衣品和个人形象。同时，由于绅装具有深厚的历史积淀，人们可以在着装过程中，经由文化的探索，提升自身的底蕴，实现内在气质与外在形象的平衡统一。

正如孔子的名言：

“质胜文则野，文胜质则史。文质彬彬，然后君子。”

——《论语·雍也》

做文章讲求内容与形式的关系，做人亦如此。不论西方的绅士，还是我们中国的君子，都强调内外兼修。所以，真正的绅装，不止于形，更在于神，得于心。要穿对场合，更要穿出风格。说到底，服装是为人而服务，绅装是体面着装的方法论，只有实现人、衣、场的精准匹配，才能够合宜得体，自在成功。

02 绅装简史：从形式到观念

说到懂衣会穿，只有对绅装的历史有所了解，知其然，知其所以然，才能够真正理解它的形式、含义，以及背后的规则与文化。为此，我们以时间为轴，撷取重要的历史片段，对绅装的演化变迁进行一番简要回顾。可以看到，绅装经历了不断的进化发展，这不仅是形式上的探索革新，也是观念意识的变化，更是时代与社会发展的缩影，所以，绅装的进化代表了男装的现代化。

一分为二：确立男装的基本形式

现代绅装的源头，可以追溯到工业革命前的欧洲男装。中世纪末期的“哥特式时代”（13~15世纪），男装开始出现上下分身的“二部式”结构。

在此之前，不论男装还是女装，东方还是西方，人们的着装大多为一体式的长袍，用面料在身上进行缠绕、围裹、披挂。相比之下，上下分身的二部式结构，更加便捷，利于行动，因此它具有了一定的现代性。

图1-2 现代绅装源头：二部式结构达布里特和肖斯（图片来源于V&A博物馆官网）

最早的二部式结构是一种紧身的上衣，如图1-2所示，衣长大约至臀底，用扣子固定，下面是长筒袜，后来演变成紧身裤。

其实，中国历史上也出现过赵武灵王推行“胡服骑射”的典故，用类似于西北戎狄的短衣窄袖来替代宽衣博带长袖，便于行动和作战。但是，诞生于欧洲中世纪末期的这种二部式结构，持续的时间更长，范围更广。它从军队扩展到宫廷，再普及到民间，蔓延至整个欧洲社会并且固定下来，因此成为现代男装的基础。

以今天的眼光来看，这种二部式的样貌可能和现代绅装相去甚远，但是它在人类的服装历史上是一次重大的分化，可以说是古今、东西、男女装的分割线。它改变了过去的穿着方式，对裁剪提出了要求，奠定了男装重裁剪、讲版型的传统。

这种二部式的组合持续了大约三个世纪，进入文艺复兴时期，对于性别差异的强调促成男装女装的进一步分化。男装注重机能性，强调上半身的体积感，夸张的肩部与下半部分的紧身裤形成巨大反差，构成上重下轻的倒三角形。而女装讲求装饰，突出女性特征，上半部分紧身合体，下半部分则是宽大的裙裾，由此形成上轻下重的正三角形。

这种男装与女装的显著差异，构成了性别的可视化；而讲求裁剪、版型的传统也延续至今，它成为古代服装向现代服装迈进的“分水岭”，由此也形成了西方与东方的差异。

华丽的法式：合体的三件套

1661年，即位已久的法国国王路易十四宣布亲政，由此开启法国称雄欧洲的新时代。他自封“太阳王”，建造凡尔赛宫，推崇艺术文化，注重服饰礼仪……在路易十四的大力推动下，华丽的法国宫廷服饰引领欧洲风尚，并为日后法国高级时装工业的辉煌奠定了深厚的基础。一种紧身合体、长及膝的无领短大衣由此登上历史的舞台。它用料华美，内搭同样精致华丽的马甲，下面配长及膝的紧身半截裤。这种法式三件套组合，主导了当时的绅装形制（图1-3）。

图1-3 华丽的法式：合体的三件套

虽然这和今天的西服三件套相比还有很大的差异，但是许多现代绅装的穿着习惯都是从这时开始的。例如，这种法式外套的前门襟布满了一排纽扣，这些纽扣的主要作用是装饰，大多采用珍珠、宝石、贵金属等材料，造型和镶嵌工艺也富于变化，有时候扣子甚至比衣服本身还贵重。

这一点延伸到现代绅装，一方面细节决定品质，纽扣成为挑选和搭配的亮点。另一方面，法式无领短大衣在穿着时一般只扣腰线上下的那几粒扣。而现代绅装的穿着也以部分系扣的穿法为主，两粒扣西装通常只扣上面一粒（这粒扣子也是位于腰线附近）。

此外，这一时期，绅装不再强调倒三角形，而是注重合体度，它的面料精美，色彩艳丽，大量运用刺绣、缎带、织锦、蕾丝等装饰手段。王室和贵族纷纷效仿路易十四，追求奢华，他们涂脂抹粉，甚至穿高跟鞋、戴假发，无所不用其极。绅装因此成为权力和财富的象征，走向华丽的巅峰。

伟大的放弃：从样式到审美的变革

所谓物极必反，18世纪60年代，伴随着英国工业革命，绅装逐渐摒弃繁复华丽，向现代转型。一种简洁实用的外套逐渐在欧洲流行，它的前门襟从腰节开始，形成两种基本款式：一种是单排扣，大翻领；另一种是双排扣，翻领和驳头相连，接近现代的缝制技术（图1-4）。

法国大革命爆发之后，法式无领短外套彻底退出了历史舞台，身份装束令被废止，着装民主化进程开启。曾经代表市民阶层的黑色，摆脱了卑微的地位和不吉利的意味，成为社交礼仪和公共场合的正式服色。

表面上看，绅装样式的变化是从法国宫廷风格向英国田原风格的转换，但这背后其实是英国工业革命和法国大革命引发的社会变革。旧时代一去不返，男性从宫廷和沙龙生活中抽离出来，或投身政治革命，或转战经济领域，兴办实业，开展广泛的社会活动。正是这种着装场合的变化，使他们放弃了那些华丽夸张、过度装饰的服装，转而追求简洁干练和舒适。

图1-4 简洁现代的双排扣外套（图片来源于V&A博物馆官网）

“18世纪末，时尚史上发生了令人震惊的事情，男性放弃了所有艳丽、华美、精致和变化多端的各种装饰形式。他们的服装变成最朴素和严谨的艺术，这是一种伟大的男性化放弃。”

——《服装心理学》（*The Psychology of Clothes*，1930年）

心理分析学家J.C.弗吕格尔（John Carl Flügel）

绅装就此告别了贵族样式和刺绣、蕾丝的装饰，其面料也从之前男女共用的华丽丝绸变为朴素平整的羊毛织物。英国确立了绅装的主导地位，这种简洁现代的外套陆续发展出接近今天燕尾服和晨礼服两种基本样式，而内搭的马甲也随之缩短到腰线下一点的地方，接近今天的西服背心。在裤装方面，来自法国大革命时期的长裤汉党，为了对抗贵族的紧身半截裤，采用了一种细筒裤，逐渐发展为长及脚面的款式，接近今天的长裤。它与原有的马裤一道，成为标准的下装。

分析起来，“伟大的男性化放弃”背后是资产阶级民主运动的社会因素，英国工业革命以及毛纺织业崛起的产业因素，还有审美观念的变革。而说到审美，被誉为现代绅装理念奠基人的布鲁梅尔，则是开一代风气之先的重要人物。

布鲁梅尔（George Bryan Brummell，1778—1840）出身中产阶层，曾在伊顿公学读书，并由此结交王储（乔治四世）。他热衷打扮，崇尚精致，是丹蒂风格（Dandy/Dandyism，又译纨绔主义）的开创者（图1-5）。

每次为了营造完美形象，布鲁梅尔都要花费几个小时去装扮。但是他的风格一反当时的奢华俗丽，而是简洁自然、雅致含蓄。用巴尔扎克的评价，就是“与其说是化奢侈为简朴，不如说是在简朴上见奢侈”。

“完美的仪表在于不扎眼。谁都不会在意，不会回头看你，这样的服装才是绅士的服装。”

——布鲁梅尔（George Bryan Brummell）

图1-5 引导绅装审美变革的布鲁梅尔（图片来源于网络）

虽然布鲁梅尔没有开创新的绅装样式，但是他将一种低调奢华、高级克制的审美引入绅装。在他之前，人们追求华丽，注重装饰，并不在意服装的合体度。而布鲁梅尔与伦敦的裁缝一道，设计出很多线条简洁，贴合人体的服装，引导人们对于廓型与裁剪、面料与缝纫、个人卫生与仪容的重视。

今天，在伦敦专门售卖男士用品的杰明街（Jermyn St.）还有一座布鲁梅尔的雕像。在他的引领下，款式简洁的高品质深色套装成为绅士衣橱的必备单品。而他则精心营造了一种看似毫不费力的时髦感，这种风格具有一种民主气质，不炫耀出身，不展示财富，把绅士的评判标准从家世地位转向教育和品位。

从布鲁梅尔身上可以看到，随着启蒙思想的兴起和王权的衰落，关于着装的禁令和规则被相继废止，普通人既可以在法律允许的范围内追求财富与地位，也可以享有不受身份限制的穿衣自由。布鲁梅尔凭借自身的魅力，引领一时之风尚，也为普通人提供了一个可以通过后天努力来达成绅士形象的范本与路径。

实用至上：现代绅装的诞生

纵观历史，除了像布鲁梅尔这样出身中产，依靠品味引领风尚的人，绅装的进化发展也少不了社会上层的参与。例如，英王爱德华七世（1901年登基之前称为威尔士亲王），作为当时的时尚偶像，他也是掀起绅装变革的重要推手。

现代绅装的原型是诞生于维多利亚时期的“休闲西服”（Lounge Jacket，直译为拉翁基夹克）。彼时的着装规则还比较烦琐，绅士们在晚餐时穿着燕尾服，期间有女眷陪同，所以不能吸烟、喝烈酒。而在晚餐过后、舞会开始前的时段，女眷们离席换装，男士们聚在休息室吸烟、喝酒、聊天。此时，如果穿着笔挺的燕尾服坐卧于沙发上，会担心弄皱拖尾。这一点，对于身材较胖又不拘小节的威尔士亲王来说尤其不便。

为此，在英国男装高级定制的发源地——萨维尔街（Savile Row），著名店铺的主理人亨利·普尔（Henry Poole）裁去了燕尾服的拖尾，这个舒适简洁的新样式受到威尔士亲王的喜爱（图1-6），也由此引发了社会的效仿。

图1-6 休闲西服：现代绅装的诞生（图片来源于网络）

到了19世纪末，实用主义战胜了等级思想，这款缘起于休息室吸烟装的新样式凭借着舒适方便的特性广受青睐，它也由此掀开了现代绅装的新篇章。通过改用羊毛、丝绒等高级面料升级规格，它逐渐进入更多的社交场合。而搭配同质同色的裤子，则使它完成了从单西向套装的进化。

以今天的视角来看，通常会认为同色同质的套装（Suit）是一种很正式的着装。但其实，在套装出现之前，绅装的上衣、长裤往往是异色异质的。因为它们的起源各不相同、功能需求各异，比如上衣要合体挺括，紧身裤要包身有弹性，所以分别采用不同的面料来制作，颜色也有所不同。直到现在，在西式礼服体系中，一些正式场合的穿着，例如，晨礼服和董事套装，依然保留了异色异质的组合传统。

而同色同质的套装之所以能够成为主流，一方面源于它自身的不断改进。如上衣从宽松变得更加合体，面料也从粗纺向精纺毛呢升级。配套的长裤彻底取代了马裤、半截裤，并且采用暗门襟的形式，一切向着简约现代的方向发展。

另一方面，套装的普及也来自日益增长的对于工作场合的着装需求。曾经的社会上层是典型的有闲阶级，绅士们热衷于在社交场所消磨时光。而如今，他们投身于不同的工作领域，职业生涯成为日常生活的重要组成部分。为此，在着装方面，他们需要去除过多的色彩与装饰，建立统一稳定、理性可靠的形象。而套装所特有的整体感与一致性开始受到欢迎。

由此，简约实用的套装逐渐成为男士日常穿着的主流。同时，作为现代性与商业精神的象征，套装的普及也为绅装注入了职业气息与专业气质。

美式风格：绅装成衣化

绅装民主化的大趋势，呼唤着批量化的生产与制作。在美国，早在1849年西部大开发的淘金热潮中，就有公司率先推出了西服成衣（Ready-made Suit）。它最初采用苏格兰下层劳动者常用的一种粗花呢面料，平驳头，单排3~4粒扣，衣长至臀部；后来，逐渐改良为衣身两粒扣，第三粒扣上移至驳领处，不具功能性。

这种样式被称为袋型西装（Sack Suit），字面意思就是像麻袋一样的西装，它以实用性而著称，有着自然整齐的肩线，前襟不收省，比英式更为宽松舒适（图1-7）。事实上，它也受到常春藤风格（Ivy Look）的影响。常春藤是美国东部八所名牌大学组成的联盟，他们在进行体育比赛活动时，采用了一种宽松的制服，没有垫肩和省道，也不收腰。

除了借鉴常春藤风格，将独有的校园文化融入绅装，美式绅装还引入了泡泡纱面料。1935年，由泡泡纱面料制成的棕榈滩套装备受欢迎，各种细条纹、威尔士亲王格纹的西服套装也供不应求，美式休闲风格就此形成。

图1-7 宽松的美式袋型西装（Sack Suit）（图片来源于网络）

推广普及：规则体系化

从前面的历史变迁中可以看到，随着启蒙思想和资产阶级民主运动的兴起，关于着装的禁令相继被废止，人们享有穿衣自由，绅装开始普及化。但是，就像道路行驶有交通规则一样，不论大街小巷，行人还是车辆，规则是秩序的保障。绅装主要出现在社会情境而非私人情境中，即使普及化，没有了身份的限制，也不能无规则，乱穿衣。

事实上，注重着装规则既是一种社交礼仪，也是绅装的独特之处。曾经，这些着装规则体现为请柬上的一行小字，以着装要求（Dress code或者Dress）的形式出现，它更像一种社交智慧，懂的人往往心照不宣，如约着装，不会出错。而随着绅装的普及化，这种约定俗成的着装经验，迫切需要科普和推广。于是就有了关于Dress Code的研究和TPO系统。

在这方面，擅长整理术、向来以细致严谨著称的日本，对绅装规则进行了分门别类的体系化整理。早在明治维新时期，日本就全盘引进了英国的绅装体系。今天，日本的皇室和内阁仍然保留了英式着装传统，如穿着晨礼服出席一些日间场合的重要活动。而“二战”之后，日本又深受美国的影响，迎来了绅装的成衣化与普及化。所以，日本迫切需要对着装规则进行系统研究，以消化吸收这两次大规模的引进。

20世纪50年代，日本媒体开始对绅装穿着知识进行科普，著名的妇人画报社编辑出版了《着装密码》一书，据我国男装专家刘瑞璞教授考证，这是世界范围内首次以“The Dress Code”命名的专著。书中提出了“礼服强制十条”，对不同时间、社交场景的穿着规则进行了拆解和示例。此后，该出版社又推出了更为系统详尽的《男装百科全书》。

到了20世纪60年代，以东京奥运会为契机，日本进一步普及绅装，推广着装规则。1963年，日本男装协会（Japan Men's Fashion Unity，简称MFU）推出TPO计划。这项全民素养计划对西方的场合着装进行了全面系统的梳理，提出按照时间（Time）、地点（Place）、场合（Occasion）三原则来规范着装，以此提升日本国民的国际形象。TPO原则具有一定的创新性，日后它逐渐被其他国家采纳，发展成国际通用的着装规则。

孔雀革命：绅装时尚化

当日本借着奥运会的东风，一心实施规则化的系统工程，在绅装的源头，欧美国家，战后婴儿潮一代[1]正掀起绅装时尚化的风潮。

追溯起来，孔雀革命缘起于英国，它以不断变化的风格、鲜艳的色彩和新颖的设计为标志（图1-8）。20世纪60年代，英国男性的服役制已被废除，年轻的男孩们渴望打破维多利亚时代以来沉稳持重的着装规则，伦敦市中心的卡纳比街（Carnaby Street）成为世界的潮流中心。

彼时，甲壳虫乐队（又称披头士乐队）、滚石乐队相继走红，以摇摆伦敦（Swinging London）为名，英伦的青年文化席卷全球，这些流行音乐偶像的发型、着装也在世界范围内引发模仿。

而摇滚元素、波西米亚风格的融入，不断丰富着男装的视觉语言。自从"伟大的男性化放弃"之后，绅装经过一百多年的发展，在逐渐走向规范化的同时，也不可避免地发生固化，缺少了时代的气息。所以，孔雀革命号召男人的衣着也要体现时代精神，它促成了绅装的时装化、色彩化和多样化。

此后，随着时代的发展，意大利男装异军突起，将绅装带入"型男时代"。1972年，在佛罗伦萨一家名为"Pitti Palace"的画

图1-8 孔雀革命促成绅装时尚化（图片来源于网络）

[1] 婴儿潮一代（Baby Boomers）主要是指西方在"二战"后出生的人，他们在战后的经济复苏中长大，到20世纪60年代陆续成年，掀起了一股反传统的风潮。

廊里，一场男装展掀开帷幕，这就是日后大名鼎鼎的Pitti Uomo（皮蒂・乌莫）展。如今，一年两度的意大利男装展已经走过了50个年头，积累了上百届的经验，成为全球规模最大的男装盛会。进入互联网时代，这里不仅持续吸引来自全球的设计师、买手和时装编辑，还成为街拍胜地，集合了来自全世界最时髦帅气、有腔调的型男们，Pitti Uomo因此也被誉为“孔雀盛会”。

03 中国绅装：从传统到现代

前面对西方绅装的历史进行了简要回顾，可以看到，绅装经历了从繁复华美到简洁现代，再到多元多彩的进化发展，它承载了时代的变革与社会思想的变迁。所以，绅装不只是服装与款式，更是一种文化。而中国绅装具有一定的独特性，它既是东西方文明碰撞交融的象征，也是中国从传统走向现代的缩影。

古代绅装：社会身份的标识

诸葛亮在《出师表》里说“臣本布衣”，白居易在《琵琶行》中感叹，“座中泣下谁最多，江州司马青衫湿”。何为“布衣”？何为“青衫”？所谓“衣冠禽兽”，又是何意?

布衣是平民百姓的穿着，诸葛亮用此来表明自己出身草根；青衫是低阶官员的服色，高级别官员以朱紫为贵，也因此有红得发紫一说。至于衣冠禽兽，它最初是褒义，因为官服上绣的飞禽走兽，象征官阶和权力，所以最初是加官进爵、光宗耀祖的好事。

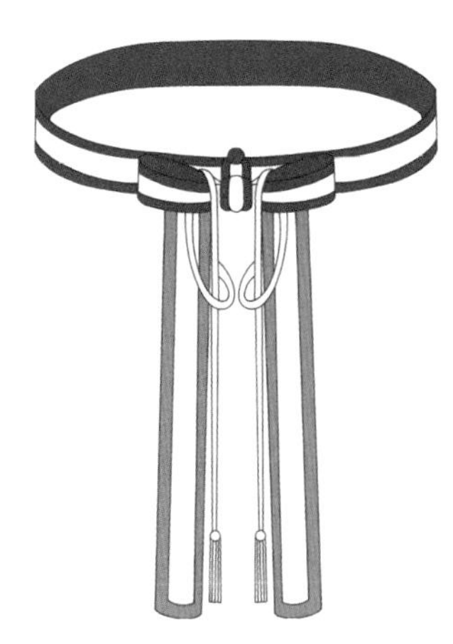

图1-9 “绅”的古代示意

类似的典故还有很多，在漫长的中国历史上，服装早已超越了物的层面，成为身份的一种标识。而说到“绅”字，从字面上看，绞丝旁意味着它与服装相关。“绅”的本意是指束腰的大带，特别是指深衣用大带束腰之后，垂下来的那部分（“绅”，带也。大带束腰，垂其余以为饰，谓之“绅”，如图1-9所示）。

周朝时期，我国已经建立起比较系统的礼乐制度，对于社会生活的方方面面，诸如祭祀丧葬、起居饮食、服饰用具等都制定了行为规范，以此推行“礼乐之治”。礼的核心是区分尊卑贵贱，而乐的作用在于亲和与团结，如此可以做到有别亦有和。后代以周礼为基础，进一步对服饰进行规制。如汉代的《礼记·玉藻》，里面对于上到天子，下到诸侯大夫、居士弟子乃至童子，不同人的大带，也就是“绅”的用材取色、款式工艺，特别是下垂装饰部分的长度，都有详细说明。

由此可见，“绅”最初是服饰名词，它从具体的物引申出约束之意，装饰之功能，逐渐演变成着装之规矩。就像西方的绅装穿着讲究规则一样，我国古代的绅装也有自己的规则，对外可以表示恭敬，对内则有自我约束的作用。

后来，“绅”字慢慢发生了词义的演变，成了官的一种指代，最典型的就是“缙绅”这个词。而说到为官，中国历朝历代都有专门的《舆服志》，对于官员的车旗、服饰进行明确的规定，对礼仪活动的规则也进行详细的记录。

所以，通过“绅”字的解读可以看到，在中国古代，服饰是国家治理的一种工具。历史上，每逢朝代更迭，改正朔、易服色就成了基本操作，也由此形成了不同朝代独具特色的服装形制和色彩体系。

其实，西方社会也有类似的情况，比如法国有身份装束令，很多国家也都颁布过禁奢法令，表面上是禁止奢侈，对社会风气进行约束引导，实际上压制社会模仿，避免身份的混淆。比较起来，中国在这方面可谓是做到了极致，官员们按等级形成了不同的色彩分配与图案设定，飞禽代表文官，猛兽代表武将，不同的补子代表不同官阶。所以，虽然一向低调的中国人信奉“人不可貌相”“人贵德不贵衣”，但是在相当长的历史时期内，服装作为一种社会性外观，代表了人们的社会身份。

西风东渐：交融并存

西装革履与长袍马褂并行不悖，中山装、学生装与军装一目了然，不同的立场，似乎也在着装中有所表达与呈现。从清末到民国，西风东渐之下，服饰成为一道独特的景观，交融并存。

鸦片战争之后，中国被迫开放通商口岸，着装的变革也悄然发生。除了新军开始采用西式军服，一些开埠城市中的商人、洋行职员，以及接受新学的年轻人，特别是海外的留学生，成为第一批穿上西式服装的人。

随着溥仪退位，清朝灭亡，千年帝制就此终结，民国政府在1912年以《政府公报》的形式颁布了新的服制礼仪，取消了着装的等级标志，从官方层面引入了西式服装，其中男子大礼服和甲种常礼服均为西式，各自有日间和晚间两种场合的区分，搭配的帽子和鞋子也有所不同。而乙种常礼服则是中式的长袍马褂。

长袍马褂本是旧时代的服饰，但是在整个民国时期，它始终占有一席之地，受到老派士绅阶层的钟爱。以至于1929年，国民政府颁布了新的《服制条例》，不再要求穿着西式礼服，反而规定男子礼服为黑褂蓝袍，配皮鞋和西式帽子，算得是一种官宣的中西融合。

而脱去马褂的满族气息，长袍也可以单独穿着。相对于普通百姓的短衫，长袍又叫长衫，俗称大褂，一般穿着者都是读书人或是有一定经济基础的人。长衫沿袭了中式平面裁剪的手法，立领盘扣，肩袖自然，民国有很多大家学者，像鲁迅、王国维、辜鸿铭、陈寅恪，他们都偏爱长衫，皆因它样式简洁，有一种质朴端庄的文人气息。

新旧并存成为民国绅装的基本特点。人们一方面渴望打破旧的着装传统，将西装称为“文明装”，赋予它特殊意义。另一方面，传统有其生命力与延续性，帝制的轰然倒塌或许只是一夜之间，文化与习俗的更替则需要更多的时间。何况民国之初，制作西式服装的面料供应不足，国货维持会就曾明确提出，民众没有能力废除旧服饰全部改换西装。直到20世纪30年代，国产面料的生产和服装制作能力逐步提升，西式服装才有机会获得进一步的推广。

1939年，经过多次讨论与修改，民国政府推出了中西杂糅的《修正服制条例草案》，除了长袍马褂加西式呢帽继续作为常礼服，学生装成了礼服、制服与常服三位一体的重要款式，而中山装和西装作为男公务员的制服与常服准予并用。由此，结合了西洋军便装、猎装和东洋学生装元素的中山装，在政界推广开来。中山装采用立翻领，前门襟系扣，四个贴袋的形制。它中正端庄、线条分明，既保持了对称严谨，又具有很强的功能性。

不过，在公务场合之外，中山装会显得过于严肃。所以，彼时商界、知识界的新派人物以及在公司、洋行上班的职员，还是以西服为主。1930年，上海成立了西服业同业公会，此时仅上海一地就有从业者3000余人，大小西服店400余家，它们采用前店后厂（场）的经营方式；到了20世纪40年代末，上海西服店的数量已经增加到700多家。

西服在大城市的普及，由此可见一斑。这是源自生活方式的变化，新派绅士们追求摩登的生活，电灯电话，汽车洋房，西餐舞会……其实，所谓的摩登不过是对Modern（现代）一词的另一种翻译。而新派绅士们也的确穿出了西装的体面，从衬衫、马甲、领带、皮鞋的搭配，到手杖、眼镜、呢子帽、袖扣、手表等配饰的组合，都十分在意。

此外，电影业和媒体的繁荣，也推动了西装在民国时期的流行。20世纪30年代，美国好莱坞开始向中国市场输入影片。据统计，在七七事变之前，每年国内上映300多部好莱坞电影。到了40年代，克拉克·盖博成了摩登样板，特别是在上海，他掀起了西装配油头的热潮。而国内的电影业自20世纪20年代起步，到了30年代也开始进入繁盛时期，当时仅上海一地，就前后聚集了100多家电影公司。金焰、赵丹、陶金、高占非、郑君里、张翼……众多男明星渐成气候，也成为西装潮流的推动者。

绅装现代化：消失与复兴

说起20世纪80年代的西服热，或许现在的人们已经无法想象穿着西装在工地干活、去田间劳作的景象。人们是如此狂热，急于追赶潮流，渴望证明自己。西装被视为与世界接轨、与时代同步的象征。

中华人民共和国成立之后，虽然没有对外发布官方服制，但是从政治经济到社会文化乃至人民生活的方方面面都经历了一番巨变，中国绅装的演化发展也由此迎来一个新的时代。

新时代需要新面貌，西装革履、油头粉面销声匿迹，长袍马褂作为旧习俗被破除。中山装、军便装、人民装在相当长的时间内成为主导款式。其中，中山装的国际地位随着中国外交的蓬勃发展，进一步得到提升。它与印度的尼赫鲁装一道，成为亚洲国家在寻求现代化道路上保持民族独立的一种象征。今天，每逢重大场合，比如国庆阅兵，依然能够看到中山装的身影，它在国人心目中始终保持着无可替代的地位。

不过随着礼服功能的不断强化，中山装作为常服的功能却在日渐弱化。特别是1978年中共十一届三中全会提出对内改革、对外开放政策后，棉布、卡其布的中山装以及军便装逐渐淡出了国人的日常生活。此时，中国开始经济建设的转型，人们迫切需要新的着装。

1983年，《北京晚报》陆续发表了一系列头版头条文章，提倡穿西装。这些文章将着装话题置于思想解放的高度，西服也由此被视为改革开放的信号，迎来一个大发展的新时代。

正是这种自上而下的推动，引发了巨大的市场效应，西服在全国各地出现供不应求的局面。与民国西装主要流行于大城市的中上阶层不同，这一次的“西服热”不分阶层，不分年龄，从城市到乡村，席卷大江南北，真正风靡全国。

不过，对于普通百姓而言，放弃穿着了多年的“老三样”，蜂拥而上改穿西装，属于一时狂热，人们对于西装文化普遍缺乏了解，因此也留下了许多独特的时代记忆。如图1-10所示，西服袖口上的商标，当时被看作身份的象征，宝贝一样舍不得剪掉。

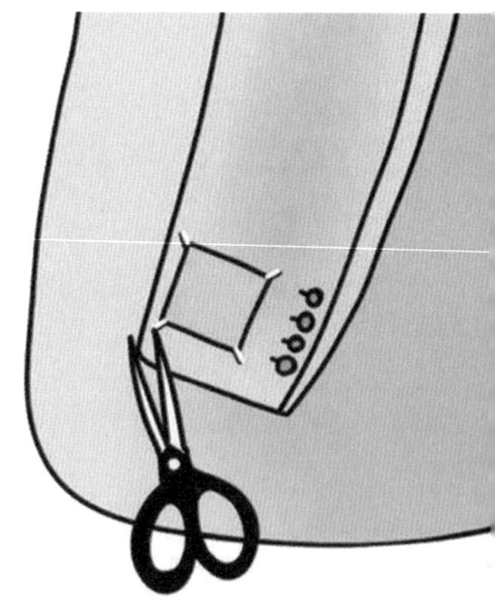

图1-10 “西服热”与舍不得剪掉的商标

至于品质问题，早期西服生产供不应求，工艺也不够成熟，有些人找裁缝制作甚至自己在家做，只是单纯的样式模仿，完全没有版型可言。而搭配方面，这一阶段的西装，款式色彩比较单一，基本上都是单排扣、平驳领，黑色居多，而人们的穿搭比较混乱，可谓不分时间地点场合，有人甚至穿西装配布鞋。

其实，西服本身对工艺要求很高，领、袖、扣、锁眼、粘合、熨烫……为此，媒体开始进行时尚启蒙，向公众介绍西服的相关知识，如何选购，如何搭配，如何保养……不过，伴随着改革开放的春风，国人正以前所未有的热情拥抱着流行，喇叭裤、皮夹克、牛仔裤、T恤衫陆续在中华大地掀起阵阵热潮，反而逐渐褪去了对西服最初的狂热。

直到20世纪90年代，特别是1992年南方谈话过后，改革开放的活力进一步释放，国人掀起下海经商的热潮，西服才重新掀起热潮。不同于80年代的个体户，90年代的这批创业者很多出身于企事业单位，他们放弃了原有的工作，投身商海，成为中国企业家群体的中坚力量。同时，外资企业陆续进入中国市场，外企职员的队伍也在不断扩大。此时，不论开公司、办企业，还是作为进出写字楼的外企白领，西装成为这些新时代弄潮儿的标配。它仿佛一张名片，展示着个人的实力与魅力，为穿着者赢得信任与尊重，帮助他们在商场与职场中塑造成功形象。

也是在这个过程中，随着全民西服热的退潮，绅装悄然复兴。迈入千禧年，企业家、管理者、律师、会计师等专业人士，公司职员，教师……越来越多的人开始穿上绅装。他们不再是猎奇尝新，而是基于场合与职业的需要。作为绅装消费的主力军，这些新时代的精英们具有高学历、高收入的特点。他们的知识面和眼界都比较开阔，讲求品味，注重着装搭配和服装背后的文化内涵。

所以，从西服到绅装，不只是名词和称谓的变化，也是品类和场景的扩充，更是对着装需求变化与着装者精神面貌的准确反映。在以经济建设为中心的社会转型过程中，对于成就的肯定，对于专业的尊重，推动了绅装的现代化。同时，以民族复兴为契机，绅装的现代化也承载着文化的自觉，越来越多的中国男性走向国际舞台，绅装不仅让国人以平等自信的姿态与世界交流，也展现出大国的气度与形象。

所以，绅装的复兴是日渐成熟的消费群体的崛起，以及着装场景与生活方式的变化。而这背后，也有来自中国服装行业的实力加持。从1994年开始，中国的服装生产量和出口额连续多年位居世界第一。如今，品类齐全，配套成熟，质量工艺过硬，中国已然成为全球绅装生产和出口大国。

04 绅装趋势展望

所谓知来处，明去处，前面对中外绅装的演化发展进行了简单的梳理回顾，可以看到，从形式到观念，从传统到现代，绅装超越了服装的物质属性，它与时代发展、社会变革紧密关联，被赋予更多的文化内涵。所以，展望绅装的未来，重点不在于样式的迭变，而是在社会文化与生活方式的变革中，把握绅装的发展趋势。

绅装休闲化：宽松职场

1951年，美国社会学家赖特·米尔斯（Charles Wright Mills）详细分析了美国社会的变化，提出中产阶级的主体，在19世纪是以拥有小产业的小农场主、小企业主为代表的有产阶级。迈入20世纪，随着美国工业化的进程，资本逐渐集中，以前分散的小企业被大企业收购，老式中产阶级逐渐没落。而金融财务、贸易法律、市场营销等服务性行业不断壮大，加之政府机构也日益庞杂，从事办公室工作的人数急剧增长，最终导致了大量白领人士的出现。由此，西方社会以着装作为区分标识，用蓝领和白领来称呼不同类型的劳动者，西装领带成为脑力劳动者的象征，绅装被进一步职场化。

不过，进入20世纪70年代，石油危机笼罩全球，人们回归传统与实用，职场的着装规则也开始发生松动，例如没有客户会议的日子，男士会穿着花呢夹克，或者以乐福鞋替代正装皮鞋。同时，以布雷泽为代表的运动休闲服饰不断进入职场着装的视野，一些原本属于英国贵族运动的服饰，像猎装夹克，马球、高尔夫球运动中常见的POLO衫，也开始进入生活场景，甚至出现在办公室，由此推动了绅装的运动休闲化。

到了20世纪80年代，伴随着新一轮的产业变革，旧的着装标准开始发生重大改变。职业套装所代表的权威与等级，正在被追求创新、去中心化的新经济价值观所取代。硅谷的崛起，让卡其裤、领尖有扣的衬衫、舒适合脚的便鞋成为西海岸办公室的标配。到了90年代，一场“便装星期五”（Casual Friday）运动席卷全美，T恤、牛仔裤等休闲服装有机会登堂入室。对此，美国学者迪尔德丽·克莱门特（Deirdre Clemente）曾感慨，这是人类在着装标准方面最激进的一次历史性转折。

21世纪以来，这种职场休闲化的趋势更为明显。就业形式更加灵活多样，越来越多的人从事宽松弹性的工作。特别是互联网产业，造就了一批新职业，传统的职场着装也因此变得更加多元化。就像克莱门特教授所说，“休闲”的反面不是“正式”，而是“束缚”。宽松职场带来绅装的休闲化，这其实是对于舒适与功能的追求（图1-11）。

图1-11 绅装休闲化：宽松职场

绅装日常化：回归生活

正可谓不破不立，一方面，旧有的规则不断被打破，绅装与职场的关联正在弱化。另一方面，越来越多的人出于个人喜好去购买和穿着绅装，由此将它带回日常生活。

遥望20世纪初的美国，那时男人们除了运动，多数时间都穿着绅装。不仅工作时穿，去餐馆吃饭，去旅行，甚至连去看电影都要穿上三件套。后来，生活场合的着装日益休闲化，到了50年代，只有办公室和教堂还保留了正装的传统。而如今，这种在日常生活中穿着绅装的复古风正在回潮，特别是有越来越多的年轻人加入其间，成为绅装爱好者。而各种绅装骑行[1]、绅装漫步、复古市集等活动，也助推了这股热潮（图1-12）。

其实，绅装热和近来兴起的汉服热有着异曲同工之处，它们都有着深厚的文化积淀，又与当下的流行截然不同。总有些人想跳出既有的框架，对他们来说，复古反而令人感觉新鲜。时尚轮回，绅装当道。一方面，随着国际交往日益增多，国人也更加注重生活的仪式感，绅装的穿着场景显著增加。另一方面，影视作品和社交媒体也助推了这股热潮。

而绅装日常化的根本动力也来自绅装自身的魅力。绅装不仅能彰显个人气质与审美，对于很多爱好者来说，它也是一种生活方式和态度，注重品质，讲究体面。不论是醉心于绅装的交流研究，还是精心选料定制，或是用心穿搭，他们享受这个过程，是真正乐在其中。

作为新生活方式的代表，新时尚美学的体现，这种绅装日常

图1-12 首届中国绅装文化节之绅装漫步活动

[1] 绅装骑行源于英国复古骑行活动Tweed Run。

化的趋势在中国绅装文化节活动中也得到充分展现。中国绅装文化节是以Gentwalker（行走的绅士）为载体，展示当代不同人群的西装穿搭品位。活动由浙江乔顿服饰股份有限公司发起，中国服装协会、中国商务男装研究中心主办，拓展绅士文化和绅士精神，倡导优雅绅士生活，传播“把西装穿进日常”的理念，至今已成功举办三届。不论是漫步巡游，街拍走秀，还是品酒、市集等各种活动，参与者们沉浸其间，表现出对绅装文化的熟悉与热爱。同时，穿着绅装的他们在各种场景中切换，毫无违和感，举手投足之间也展现出中国当代男性的魅力与风采（图1-13）。

绅装多样化：场合细分

过去，很多人对绅装敬而远之，觉得规矩多，怕穿错。的确，绅装讲究着装规则，特别是场合着装，这是绅装文化的一大核心理念，正所谓“没有规矩不成方圆”。但是，随着时代的发展，绅

图1-13 第二届中国绅装文化节活动合影

装文化也面临着自我革新。通过人、衣、场的细分，场合着装正逐渐走出单一的规则体系，由此平衡了文化的传承创新与本土化的统筹协调问题。

例如，从人的角度来看，现在的职场似乎已经形成一种共识，那些与外界频繁打交道的人，有一套着装规则；而在幕后工作的人，则有另一套标准。这样，基于人的细分，就有了不同的规则体系。银行证券、保险金融业，律师、会计师、审计等专业职业，公关、广告、咨询等智力服务业，他们依然按照传统的着装规则来穿着。因为这关乎公司的形象，也影响着个人的事业机会。而那些偏重技术性工作的人，他们的穿着主要考虑舒适度和实用性，休闲服成为各大科技与互联网公司的日常着装。

而从衣的角度来看，绅装承载了新时代中国男性的国民形象，也彰显了国人的文化自觉与自信的诉求。纵观今日的中国时尚界，国潮、国风正当时，从面料图案到色彩形制，从美学到哲学，中国文化正在为绅装注入新的元素与内涵，引领绅装形成新的价值理念与场景延伸。

说到场景延伸，从场合着装的角度来看，绅装因地而异，与时俱进，体现了生活方式与场景的更迭。目前，在正式场合，特别是一些国际社交场合，旧规则仍然发挥作用，它们已经沉淀为礼仪与传统，形成一套国际化的着装标准。当然，这种标准也不是一成不变的，但是在这类场合中，着装的原则是遵守惯例，保持规则，体现绅装的规则意识。而在非正式场合，改变规则，凸显时代性、流行性和地域文化特色，可以让绅装保持活力，融入更多的变化与创新。

由此，经过场合细分之后，正式场合的着装规则不会受到休闲化趋势的影响，绅装发挥礼服的功能；而在非正式场合，绅装叠加了休闲化的趋势，会变得更加自由，作为常服，能够更好地融入生活。

绅装时尚化：形象升级

不同于20世纪60年代以颠覆主流审美为特征的孔雀革命，

当下绅装领域的时尚化趋势源自颜值经济的兴起。

颜值经济的说法，最早可以追溯到1994年，美国经济学家丹尼尔·哈默迈什（Daniel Hamermesh）研究了外表对于收入的影响，提出高颜值高收入，这种现象不只发生在那些注重外表的行业，而是广泛存在于各种职业中，它对男性的影响甚至可能超过女性。

2011年，丹尼尔将有关颜值的经济学研究集结成册，提出颜值不仅影响个人的就业和收入，而且在贷款、诉讼、婚恋以及生活的方方面面都发挥作用。同时，高颜值的人可以为所在企业创造更多价值。而人们为改善颜值、提升形象的投入也是一种经济行为，他由此提出了颜值经济（Pulchronomics）的概念。

如今，十几年过去了，颜值经济可谓愈演愈烈。简单来说，它是与容貌、外表相关的各类消费产业；而从深层来看，颜值经济是生活美学的商业化。伴随着消费水平的提升，在功能需求与性价比之外，人们的情感需求与审美需求获得了更多的发展空间。设计日益受到重视，颜值成为消费选择的重要考虑因素。

同时，社交媒体的繁荣推动了视觉文化的发展，人们热衷于观看和分享图片与视频，生活方式成为重要的传播议题，形象的价值被进一步放大。颜值经济渗透到衣食住行的各个领域，人们更加在意设计，讲求品味，注重品质，乐于分享过程和感受。

在此背景下，男装迈入多元化时代，早在2016年，《时装商业评论》（BoF）驻美首席记者劳伦·谢尔曼（Lauren Sherman）就曾经撰写过一篇标题极具轰动性的文章《男装已死》。她并非制造噱头，而是想借此强调男装市场的变化。谢尔曼直言，男性重新打扮起来，因为他们渴望在更具竞争性的环境中受到关注和尊重。

而说到赢得关注与尊重，或许没有比绅装更合适的选择。不论版型与工艺，还是品质与文化，绅装的魅力经久不息。从过去的身份象征到往日的职场标配，再到今日的时尚之选，绅装适应时代的变化，日益注重设计与个性，突出变化与特色。所以，绅装时尚化的背后，是多样化的着装解决方案，它助力个人形象升级，彰显个性与品味（图1-14）。

以时尚为名，中国绅装文化节活动也以丰富的内容汇聚了来自全国各地的绅装爱好者。他们兴趣相投，品味相近，同时又有各自的风格，将绅装穿出不同的气质与感觉。在这几届的时尚盛会中，每个人都享受其间，自信大方地释放、表达自我，不仅呈现了绅装的多面性，也展示出中国当代男士的风貌。

展望未来，男性正变得更加注重外表和着装，对时尚与风格更为敏感。特别是伴随着新一代消费者的成长，未来网络原生Z世代男性将会在个人形象上投入更多。而绅装属于价值投资，不论是出于竞争的实用性考虑，还是讲求品味的审美需求，抑或是彰显自我的个性表达，它在男性的外观管理和形象塑造中，必将发挥更大的作用。

由此，沿袭着舒适实用、个性时尚的方向，绅装必将更好地融入日常生活，成为引领生活态度和时代审美的象征。

图1-14 第三届中国绅装文化节活动合影

第二章

绅装型格

MODE OF GENTRY ATTIRE

PART 2

合心、合体、合场，这是绅装穿着的要义。合心、合体的前提，是知心、知体，是对自我有充分的了解与认知。

所以，在讲述场合着装方法论，介绍绅装衣橱解决方案之前，读者要进行自我审视。就像面对地图，先要找到自己所在的位置（You are here）。本章从“型”与“格”两方面入手，帮助读者认识自我，了解自己的外形条件和内在气质，深入绅装的精神世界，把握绅装品格与型格分类。

01 “型”的认知

阿波罗神庙上，印刻着古希腊的箴言：“认识你自己。”

《道德经》中也有这样一段至理名言：

知人者智，自知者明；

胜人者有力，自胜者强；

知足者富，强行者有志。

——老子《道德经》第三十三章

关于认识自我的重要性，中西文明可谓殊途同归。所谓人贵有自知之明，看得懂别人是智慧，了解自我才是活得通透明白。胜过他人说明有力量，战胜自我才是真强者。

正确认识自我，既不妄自菲薄，也不盲目自大，这是做人做事的出发点，也是得体着装的前提。很多时候，选择什么样的服装，取决于你是什么样的人，有怎样的外形条件，是什么样的性格类型。所以，着装本身是人与衣的匹配，只有穿对了，才能理顺了。

自我认知：你的身材标准吗？

先来看看在自我认知中，相对比较容易的部分，对于“型”的认知。一般来说，每个人对自己身体的各项数值都是比较了解的，但是认知自我不止于客观的数值，还包含对这个数字信息的解读。通俗地说，就是要知道自己“几斤几两”。例如，体重

70kg，是轻还是重？身高172cm，是高还是矮？

就像在医院做化验检测，除了数值，后面通常都会有一个正常值的区间。解读我们的身体数据，不可避免地会涉及参考标准。2019年，中国商务男装研究中心在中国服装协会的指导下，依托中心百万用户的大数据计算，发布了中国商务男士体型的平均数值（图2-1）。

身高：172.8cm
胸围：95.9cm
腰围：86.6cm
臀围：97.8cm
体重：70kg
BMI（健康指数）：23.2

图2-1 中国商务男士体型平均数值

一般来说，平均值并不意味着最优，只是基于大量的数据统计，获得一个参考的标准。对照上述平均值，可以帮助商务人士对自己的身材进行评估。在这里，要特别强调一个数值：BMI指数（Body Mass Index）。它简称体质指数，又称健康指数，其计算公式为：

$$\text{BMI健康指数}=\frac{\text{体重（kg）}}{\text{身高}^2\text{（m}^2\text{）}}$$

目前，BMI已经成为国际通用的衡量人体胖瘦程度以及健康水平的参考。根据20世纪90年代世界卫生组织（WHO）专家委员会提出的标准，BMI≥25kg/m^{2}即为超重（表2-1）。

表2-1 BMI的国际参考标准

BMI数值区间（kg/m^2）	体型
BMI＜18.5	体重不足
18.5＜BMI＜24.9	正常
25.0＜BMI＜29.9	超重
30.0＜BMI＜34.9	肥胖
35.0＜BMI	极度肥胖

不过，这个国际标准是以欧美白种人的数据测量为基准，按照中国肥胖问题工作组在2002年提出的方案，24.0kg/m^{2}和28.0 kg/m^{2}是更适合中国人体型的超重与肥胖临界值，同时该工作组还提出以腰围≥85cm作为男性腹部肥胖的标准。在此，各位读者也不妨计算对照一下，看看自己的身体是否标准，处在哪个区间。

对号入座：找准你的号型

了解自己所在的区间，是为了对号入座。天下没有一模一样的身体，但是从着装的角度而言，近代以来，服装以成衣业为主导，所以量体裁衣者少，一般都是按号型来购买成衣。而定制的话，也分为全定制和半定制，后者以标准版为基础，结合量体数据，进行个性化调整。所以对于大多数人来说，了解号型，可以方便对号入座，找到更适合自己的服装。

不过，很多人也会发现，一般所谓的号型多少有些偏差。比如同一个码数的衬衫，不同品牌的上身效果不尽相同。这是因为服装除了号型，还有版型，各品牌派系自成一体，无法做到完全标准化。而且，人的身体不是按照号型生长的，每个人有自己的身材特点，同一个版型、号型，不同人穿出来的效果也有所不同。

另外，从身材的角度来说，所谓的标准都是基于大样本的数值统计，不同地域，取样不同，最终的标准也就各不相同。比如下装的重要指标——裤长，因人种不同，存在比较显著的差异。据统计，欧美男性的腿身比平均值为90.77，而亚洲男性则为85.10。

除了裤长的差异较为明显，其他如三围、臂长数据，欧美男性与亚洲男性相比也有一定的差异。所以，对于中国男士而言，按中国标准体系来选购服装，精准度会相对更高一些。但切忌像“郑人买履”一样只认号型，认准自己是什么码而忽略了不同标准和版型。有些欧美版的M码，可能比中国的L码还要大一些。所以，穿着不合适，可能不是身材的问题，而是没有找对标准，没有根据身材找到适合的版型。

体型分类：中国标准

如前所述，不同于休闲装，绅装讲究合体度，挑选的时候不能只看号型，还要认清标准和版型，搞清楚是什么标准体系下的号型。在我国，男装的号型标准由国家质检总局和中国国家标准化管理委员会负责制定和发布。根据国家标准GB/T 1335.1—2008，男子服装按照胸围与腰围的差数划分区间段，形成四种体型：Y、A、B、C，具体的体型标准细节如图2-2所示。

从体型的角度来看，根据中国商务男装研究中心百万用户大数据的分析，中国商务男士四种体型的分布比例如图2-3所示。

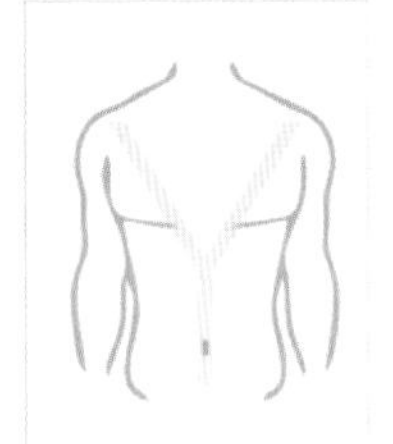
Y 型：胸围与腰围差在 17~22cm 之间，肩宽，胸肌较发达，属于倒三角的肌肉型身材。

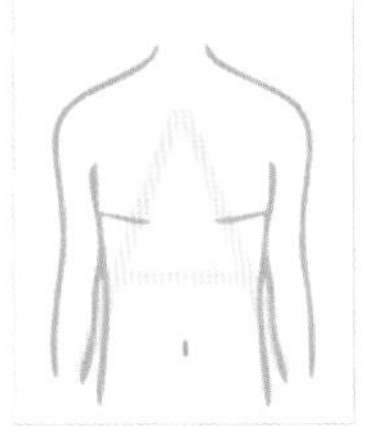
A 型：胸围与腰围差在 12~16cm 之间，属于比较匀称型身材。

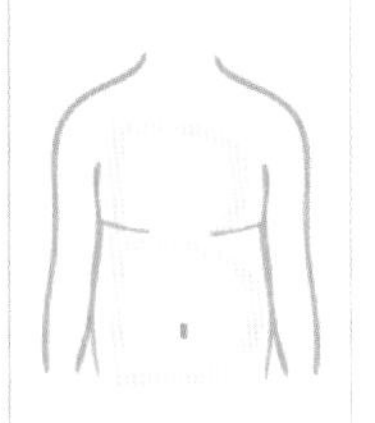
B 型：胸围与腰围差在 7~11cm 之间，属于微胖型身材。

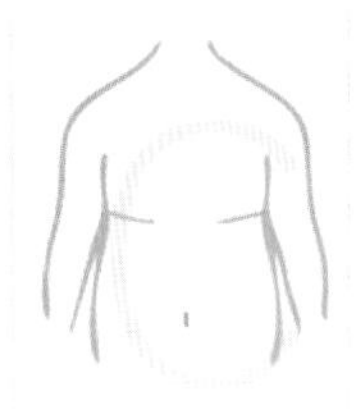
C 型：胸围与腰围差在 2~6cm 之间，属于偏胖型身材。

图2-2 男子体型分类（国家标准GB/T 1335.1—2008）

对照国家标准的四种体型分布，可以看到，在中国的商务男士中，Y型身材占比最低，约十分之一；B型身材占比最大，超过三分之一；A型和C型身材各占四分之一左右。

比较而言，在中国商务男士中，B型和C型的占比明显高于国家标准，特别是C型，说明中国商务男士整体偏胖。这多少与他们的生活方式有关，工作压力大，商务应酬多，运动较少。所以，作为商务男士，如果你的体型偏胖，也不用过于焦虑，因为除了国家标准，对你而言，商务男士的数据更有参考价值。体型偏胖在中国的商务男士群体中，是一种较为普遍的现象。而这也意味着，商务男性也比普通男性更需要利用着装来修饰身材。

体型分布对比：商务男士 VS 国家标准

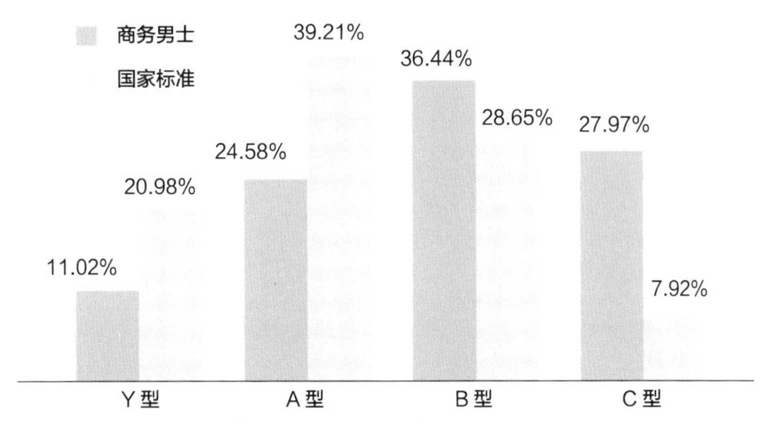

图2-3 中国商务男士的体型分布与国家标准的对比

脸型与领型：视觉重点

除了根据自己的身材找准号型，影响绅装穿着效果的外形因素中还有一个比较重要的细节需要确认，那就是脸型。以西服为核心的绅装体系，通过上装的三角区域营造视觉重点，也带来很多搭配的可能性。所以，了解自己的脸型，根据脸型来选择领型，可以提升绅装的整体穿着效果。

首先来了解一下脸型，国人常见的脸型大致可以分为五种主要的类型。一般来说，脸型的判断，主要看额头、颧骨和下颌，划分的方法如表2-2所示。

表2-2　五种主要脸型的分类特征

<table>
<tr><th>特征1</th><th>特征2</th><th>特征3</th><th>脸型分类</th></tr>
<tr><td rowspan="4">额头、颧骨和下颌，各部位的宽度比较平均</td><td rowspan="2">下颌线条感强</td><td>脸长</td><td>长方脸</td></tr>
<tr><td>脸宽</td><td>方脸</td></tr>
<tr><td rowspan="2">下颌线条感不强</td><td>下颌收窄U形</td><td>椭圆脸</td></tr>
<tr><td>下颌圆润</td><td>圆脸</td></tr>
<tr><td>额头和颧骨差不多，而下颌明显收窄</td><td colspan="2">下颌明显收窄V形</td><td>V脸</td></tr>
</table>

一般来说，不同的脸型各有特点，没有绝对的好坏之分。而得体的着装，在于服装与脸型的匹配，能够实现扬长避短，起到修饰调整的作用，最终提升自己的形象气质。所以，首先要了解自己的脸型特征，而后根据脸型选择着装，特别是注意领型，如领子的开口角度、领面的宽度等。

例如，长方脸要避免穿V领、系窄领带，是要通过拉宽领部减弱过长的脸型；而方脸正好相反，如何拉长脸部、减弱线条感是首要解决的问题，所以要避免短领、宽领，可以选择展开比较长、比较窄的领型。

除了领的形状、面积，领子的开口角度也能对脸型起到一定的视觉修正效果，如圆脸给人一种饱满的感觉，可以选择领角开口偏小且垂直较长的尖角衣领；而长方脸则需要选择中等开口且领角垂直不宜过长、领面方正一点的领型。具体来看下面对每种脸型的特征描述和着装分析（表2-3）。

表2-3 五种主要脸型的特征与着装分析

长方脸	脸型特征	着装分析
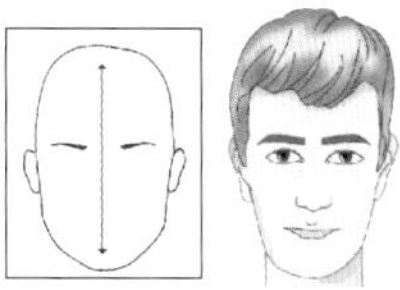	· 偏骨感 · 整体较瘦长，额头、颧骨、下颌的宽度基本相等，但脸宽小于脸长的三分之二	此脸型偏长，要优先考虑能横向拓宽脸型的款式。领子的开口角度要适当加大，领面的宽度不宜太小，领面垂直长度不宜过长 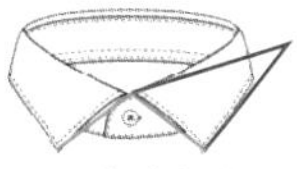 领面的宽度不宜太小 开口角度加大
方脸	**脸型特征**	**着装分析**
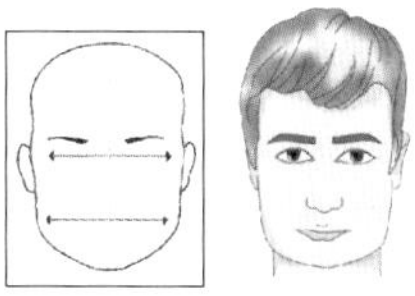	· 偏方正 · 又称国字脸，额头、颧骨、下颌角的宽度基本相等，棱角分明，面部轮廓方宽短	方脸给人感觉四四方方，优化脸型要尽量选择能拉长脸部的领型。适合领子开口角度中等，而领面的垂直长度较长 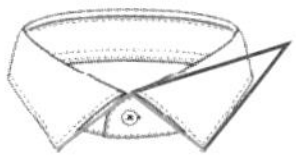 领面大小要适中 开口角度不宜过小
V脸	**脸型特征**	**着装分析**
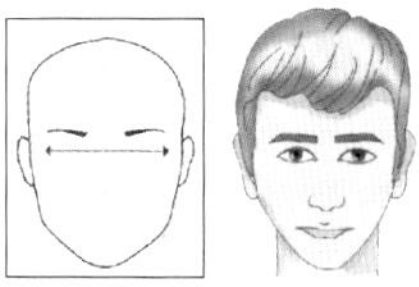	· 偏骨感 · 尖下巴，又称倒三角脸，表现为前额和颧骨处较宽，而下颌处较窄	下巴较尖，在服装选择上应避免将脸型进一步拉尖的领型。领子开口角度关系不大，主要是领面不宜过大。 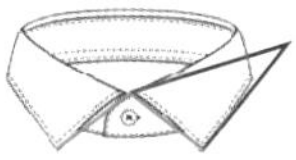 领面不宜过大 开口角度不限
椭圆脸	**脸型特征**	**着装分析**
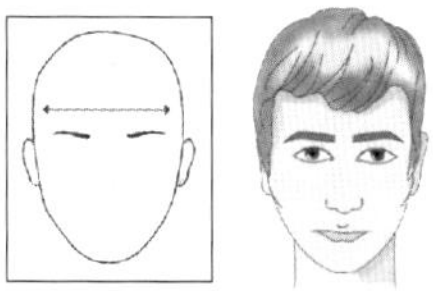	· 偏柔和 · 又叫鹅蛋脸，特点是额头与颧骨基本等宽，同时又比下颌稍宽一点，脸宽约是脸长的三分之二	此脸型属于比较百搭的脸型，领面的大小以及领子的开口角度对它基本无影响，适合的领型基本没有限制 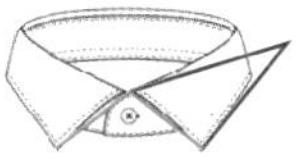 领面大小不限 开口角度不限
圆脸	**脸型特征**	**着装分析**
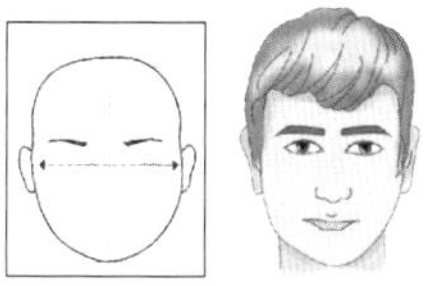	· 偏圆润 · 主要表现为额头、颧骨、下颌的宽度基本相等，几乎不见棱角，整体较为丰满	此款脸型圆圆的，应挑选尖领、长领等能拉长脸部线条的领型。适合领子开口角度偏小且领面垂直较长的领型 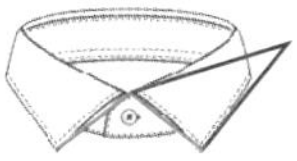 领面不宜太小 开口角度 < 95°

穿出自信：由内而外

从脸型与领型这部分可以领略到着装的秘诀：扬长避短，这是穿出自信的重要方法。但是比技巧更重要的，是内心。自信其实是一种积极的自我评价状态，人的自我评价是与周围环境持续互动的结果，如图2-4所示。正确认知自我，不仅要了解自己的状态，还要努力达成积极的自我评价。

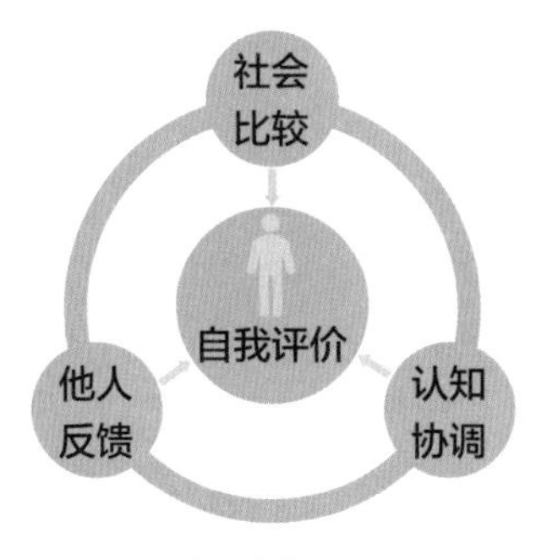

图2-4 自我评价的影响因素

每个人都生活在社会比较之中，从出生开始，社会用各种平均值作为标准对个体进行评价。小时候是生长发育，长大是智商和成绩，再到成年后是各种所谓的社会成就。在这些社会比较中，身体形象方面的落差，有时会给人带来一些烦恼。因为每个社会都有一些所谓理想身体形象的标准，当现实和理想比较一致的时候，人们会产生满足感、愉快感；而两者不一致、落差较大的时候，人们会产生对自己的不满和焦虑情绪。

除了社会比较，他人的反馈，即别人对自己的评价与态度也会对自我评价起到一定的影响作用。

此外，个体还可以启动认知协调机制对社会比较、他人反馈进行自我解读与再诠释。所以，即使在社会比较中并不占优势，他人反馈是偏向负面的，但如果内心强大，那么个体的认知协调犹如一个心理校正器，仍然有机会通过选择性的信息过滤来获得积极的自我评价。毕竟，积极的自我评价可以产生肯定的自我形象，使人获得自信与心理的安定感。而消极的自我评价会产生否定的自我形象，引起人的自卑感和不安定的心理。

所以，穿出自信首先来自内心的强大，自信的人，往往是一种正向的循环。究其根本，自信来自内心的自我认同，不是要拥有什么才可以有资格自信。对自我的接纳、认同与喜爱是自信的根源，它与童年早期的人际需求是否得到满足，是否在充满爱与关怀、肯定与支持这样正向的情感中成长有关。所以，不论高矮胖瘦，只要能够真正地悦纳自我，拥有强大的内心，都可以由内而外地穿出自信。

后天塑造：扬长避短

当然，很多人并不具备天生的自信，而是需要后天慢慢培养。就像著名的男装专家尼古拉斯·安东吉亚凡尼（Nicholas Antongiavanni）曾经在他的著作中感慨“体型好，真好命”。他认为，每个时代都有理想的身体形象，而主流的服饰往往是按照理想的身体形象来设计的。拥有好的外形条件，可以有更多的搭配选择，似乎穿什么都好看。但是他也说，天生的外表是我们无法掌控的，男人要塑造个人魅力，需要发挥自己的主动权。

其实自我的强大，不仅在于它具有认知协调能力，还在于它能够对个体的行为进行控制与调节。就像尼古拉斯所说，影响男性外表的因素只有两个：先天条件和后天塑造。所以，穿出自信的第二点，就是要对自己的身体有掌控力。

就像有句玩笑话说，“每个胖子都是潜力股”。其实，不论是减肥还是增肌，体型并不像身高很难改变，它可以通过后天的运动、健康饮食等手段予以改善。男性虽然不像女性容易产生身材焦虑，但是加强锻炼，做好身材管理，不仅能够提升自信，也有助于健康。毕竟，BMI指数的初衷是健康监测，肥胖对于身体的危害已经在医学界被普遍证实。同时，好的身材管理意味着自律，它带给人的自信比大牌LOGO的加持更为有效。

当然，在进行身材管理的同时，还可以通过着装来进行自我修饰，塑造更好的形象。研究表明，服装可以帮助人们提升自我价值感和身体满意度，恢复人的自尊心与自信心，促进自我的稳定发展。所以，穿出自信的第三点，就是掌握着装技巧，懂得扬长避短。下面是一些实用的着装建议。

增高：成套穿着协调统一，可以实现视觉拉升。合身非常重要，在此前提下，尽量控制上衣的长度，不要过臀部；翻领和系扣的位置可以稍高一点，腰线自然，整体思路是尽量优化比例，显腿长。袖子以露出少许衬衣为宜，裤长以触及鞋面为宜，过长的袖子和裤脚像是穿大了一号，要尽量避免。可以充分发挥垫肩的作用，提高领线和肩线，使人看上去更挺拔。尽量选择简单的精纺羊毛面料，素色为主；避免图案和花纹以及厚重的面料；如果要选择图案，可以考虑竖条纹，条纹的宽度最好不超过2cm。

显瘦：选择深色，深色具有视觉收缩的效果。款式要尽量简洁，例如单排两粒扣。对于体型偏胖的人来说，舒适合体是第一要义，不能有紧绷感，可以适当增加肩宽来平衡视觉。而对于肌肉发达的人来说，则需要无垫肩的款式，这类体型的显瘦要诀，主要是调整比例，让过于饱满的胸部与收窄的腰部、臀部相匹配。其实，大部分增高的建议也适用于显瘦，因为凸显身高也能让人看起来更瘦。不过，增高可以利用腰线，但是显瘦要慎重。对于体型偏胖的人来说，收腰有时弄巧成拙，反而容易暴露腰部的臃肿。

增厚：对于相对单薄的体型，可以选择浅色服装，浅色有视觉膨胀的效果。如果是瘦高体型，可以考虑格子图案，它有一定的视觉拉宽效果。如果是矮瘦体型，并不适用格子，重点是打造合体精干的效果，所以合身很重要，如果衣服的尺寸大了，会显得人更瘦。适当运用叠穿，可以增加视觉层次，不过，如果能通过运动和饮食来增肌，效果会更好。

比较而言，上面只是一些简单的穿衣策略，高矮胖瘦是体型的基础问题，还有很多局部问题，例如驼背、溜肩、O型腿。如果条件允许，还是建议选择定制，更有针对性地修饰身材，以此提升着装自信。

02

“格”的分类

本章的重点是绅装型格，“型”是外在的身体条件，“格”是内在的心理特征。格有性格与品格的双重含义，性格是个性，具有一定的差异性；而品格是共性，是绅装的精神内核。这部分先聚焦性格，下部分再来讲解品格。

体型与性格：三分法

性格是人们相对稳定的内在心理属性，它的古希腊词源是面具的意思。就像京剧中的脸谱，红脸的关公忠勇侠义，黑脸的包公刚直不阿，白脸的曹操阴险狡诈。在古希腊的戏剧表演中，演员们戴上面具，用它来代表人物角色的性格特点。

所谓相由心生，这并不是相面一样的玄学，而是说性格具备一定的生理基础，而它也会在某种程度上透过人的外表与形象反映出来。比如内心坚定的人，外表看来气场强大；内心平和的人，外表看来充满亲和力。同时，随着年龄的增长，人的外表也会发生变化，而这种面相的变化，也是人生经历与内在性格的某种投射。

说到性格与人的外表，德国近代心理学家克雷奇默（Ernst Kretschmer）曾经出版了一本专著：《体型和性格》。他研究了许多名人资料，发现在神学家、哲学家和法学家中，细长型的身材占比高达59%；而在医师和自然科学家中，饱满型的身材占比高达58%。所以，按照体型来划分，他认为人的气质可以分为三种类型。

（1）饱满型：身材圆润多脂肪，好社交，通融健谈，活泼好动，情绪不稳定。

（2）细长型：瘦长身材，不善社交，内向害羞，沉静寡言，多愁善感。

（3）强壮型：体态匀称，健硕有活力，外向乐观，正义感强，注重礼仪，遵守纪律和秩序，比较节俭。

后来，美国心理学家谢尔顿（W.H.Sheldon）继续对气质与体型的关系进行研究，提出了胚叶（Germ Layer）说，即胎儿期的胚叶发育决定了人的气质类型。

（1）内胚叶型：又称内脏强健型。因为内胚层会发育为人体的内脏组织，所以在胚胎发育过程中，如果这类组织占据身体优势，成年后，人的消化器官较好，体型丰满，会喜欢安逸舒适，与人交流容易相处，追求社会的认可。

（2）中胚叶型：又称肌肉强健型。中胚层会发育为人体的骨骼肌肉，所以这类组织占据身体优势，则成年后，体格健壮，肌肉发达，做事主动积极，坚实可靠，有时容易武断，咄咄逼人，过分自信。

（3）外胚叶型：又称头脑强健型，因为外胚层会发育为人体的大脑与神经，这类组织占据身体优势，则成年后，体型细瘦，脂肪和肌肉都不太发达，有一些人还会体质虚弱，睡眠差，容易疲劳。但是这类人善于观察和思考，比较敏感，具有艺术潜质。

尽管谢尔顿的研究提出体型与气质有0.8左右的正相关，但是这就像中国有心宽体胖的说法，富态的人，心胸开阔，这有一定的概率，但是并不绝对。

事实上，体型与性格的关系并非如此简单直接，但是，谢尔顿的胚叶说有助于人们理解身材差异的形成。中胚叶型的人，天生肌肉发达，很容易塑型，线条感强；而内胚叶型的人是易胖体质，所谓“喝凉水都长肉”。每个人的体质类型不同，要改善体型，不论是减脂还是增肌，都要根据自己的体质，各有侧重。

气质与性格：四分法

其实人类很早就意识到，人与人之间存在性格差异。追溯起来，古希腊时期，被誉为西方医学奠基人的希波克拉底（Hippcrates）就提出了性格类型的划分。他认为人体含有四种液体：血液、黏液、黄胆汁和黑胆汁。按照四种体液的混合比例不同，希波克拉底把人分成四种类型：多血质、黏液质、胆汁质和抑郁质[1]。

虽然体液说缺乏科学实证，但是它指明了人的性格差异是有内在生理基础的。后来，俄国著名的生理学家，曾经获诺贝尔奖的巴甫洛夫，用高级神经类型来解释人的性格差异。他提出，每

[1] 近年来抑郁质又被称为敏感质。

个人的神经系统，兴奋与抑制的强度不同，平衡性与灵活性也有所差异，因此，人的性格类型可以分为兴奋型、活泼型、安静型和抑制型。

再之后，陆续又有日本心理学家古川竹二提出血型说，美国心理学家伯曼（Berman.L）提出激素说，这些性格分类的原则，基本上都是以生理为基础。而瑞士心理学家荣格（C.G.Jung）则提出了向性类型说，他首先将人分为外向与内向两大类，提出外向的人，心理能量指向外部，喜欢社交，对各种具体的事物感兴趣；而内向的人，心理能量指向内部，注重内心体验，对事物的本质和活动的结果感兴趣。

后来英国心理学家艾森克（Hans J. Eysenck）在荣格的基础上，进一步归纳，提出了稳定性这个维度，他用外向与内向、稳定与不稳定两个区分轴，将人的性格划分为四种类型。由此向性类型说与体液说、高级神经类型说形成呼应，如图2-5所示，绘制成一个综合的性格分类图，各位读者不妨对照参考。

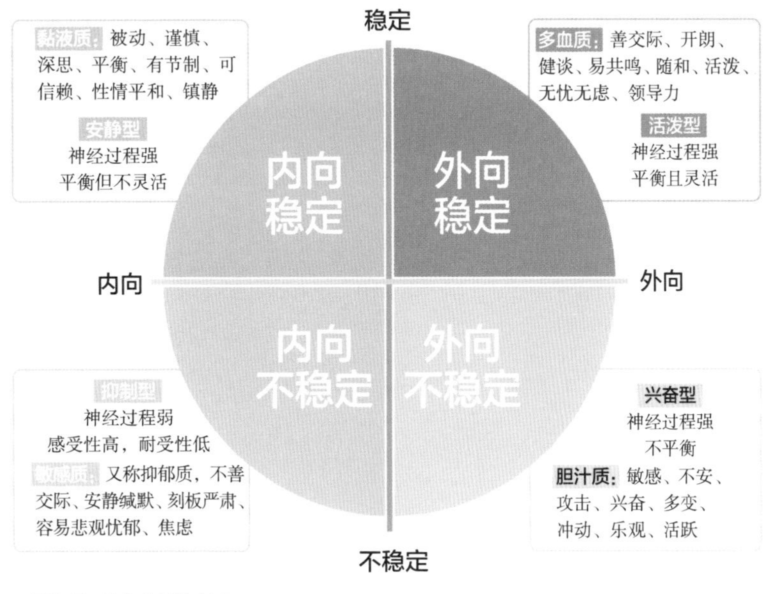

图2-5　性格分类综合图

网红测试：MBTI的十六型人格

说到性格分类，除了前面的三分法、四分法，近来在网络上走红的MBTI测试也值得一提。MBTI（Myers–Briggs Type Indicator）是美国的一对母女，经过二十余年的研究与修订，编制出的一份性格测试量表，M和B分别取自她们的姓氏缩写。其实，早在1945年，MBTI就已经开始应用于管理咨询和教育领域，后来又逐步扩展到职业规划、人力资源、婚恋与人际关系等多个领域。

而近来MBTI的走红，主要因为它的人设丰富，比较有话题度。其实，它的理论基础还是荣格的向性类型说。当年荣格在外向与内向这个维度的之上，还提出根据思维、情感、实感和直觉进一步细分性格。而MBTI在荣格的基础上，又增加了生活方式这个维度，所以从四个维度对性格展开测评，由此得到八个倾向性的指标体系，并以英文的首字母来代表8个特质（图2–6）。

图2–6 MBTI的四组性格特质

（1）动力来源/注意力方向：偏外向（Extrovert）还是内向（Introvert）。

（2）信息来源/认知方式：偏实感（Sensing）还是直觉（Intuition）。

（3）决策方式：重逻辑思维，习惯思考（Thinking）还是偏情感与感觉（Feeling）。

（4）生活方式：有计划讲判断（Judgement）还是喜欢偏重

感知与理解（Perceiving）。

了解每个字母对应的方向，以及它所代表的性格特质的含义，是解锁MBTI的关键。八大性格特质，两两相对，组合出16种不同的性格类型。最初，每种类型都是用4个首字母来表示，例如将MBTI带上热搜榜的谷爱凌，她说自己是INTJ。后来有人对16种性格类型进行拟人化的命名，由此得到16种人设（表2-4）。

表2-4 MBTI的16种性格类型与人设

外向直觉型	ENFP 竞选者	ENFJ 主人公	ENTJ 指挥官	ENTP 辩论家
内向直觉型	INFP 调停者	INFJ 提倡者	INTJ 建筑师	INTP 逻辑学家
外向实际型	ESTJ 总经理	ESFJ 执政官	ESTP 企业家	ESFP 表演者
内向实际型	ISTJ 物流师	ISFJ 守卫者	ISTP 鉴赏家	ISFP 探险家

比较而言，MBTI的测试题量比较大，感兴趣的读者可以找一些网络资源进行实测。如果没时间测试，对照前面的图表也可以在四组性格特质中进行简单的选择判断，根据组合，找到自己对应的类型与人设。

和其他性格分类相比，MBTI略显烦琐。不过，自从它走红于网络之后，很多年轻人都乐于以测试结果的四个字母作为个人标签，甚至代表内向与外向的两个字母，也被划分为i人阵营与e人阵营。

表面上看，MBTI从一个专业测试，变身为网络流行的社交密码，这是热门综艺、名人效应带动的潮流，而背后则是人们延续了千百年来对于性格的关注。即使身处网络社会，人们依然像古希腊时代一样，渴望透过性格分类，认识自己，理解他人。

性格与着装：君子和而不同

性格是绅装型格的心理基础，但是它不像体型，没有量化的标准，也没有绝对的优劣好坏。外向的性格，固然社会适应性更强，但是内向的性格，专注敏感，也可能更容易取得成就。所以，了解性格分类，是为了更好地认知自我，接纳自我，把握着装中的性格因素，挑选适配的服装，穿出自信与风格。

同时，就像前面提到的，性格的概念缘起于舞台表演，但是在现实生活中，人不可能戴上性格面具，把心理活动写在脸上，所以着装成为展现性格的一种形式。在生活中，我们经常会看到人们因为性格不同而形成着装差异。有的人穿衣低调，努力融入环境，不显露自己；而有的人却刻意高调，渴望引人关注。有的人不拘小节，而有的人格外在意细节。所以，了解性格分类，理解不同性格的着装差异，也有助于促进和谐的人际关系。

一般来说，性格外向的人更在意自己的形象，用服装来修饰自我的动机更为明显，通常喜欢暖色调、色彩浓重、对比强烈、花纹明显的设计，也敢于尝试一些大胆张扬的款式。而性格内向的人偏爱冷色调、对比弱的、暗花纹小图案的设计，热衷经典款，重视质感和整体的协调性，相对低调［图2-7（a）］。

而从另一个角度来看，理性主导的人更在意价格、面料成分、功能，款式选择相对保守，购买服装的计划性较强，注重穿着场合与社会身份的表达。而感性主导的人对廓型、色彩、面料的感知与体验更为强烈，更能注意到服装的细节和变化，更愿意尝试新的风格，也容易发生冲动消费，更注重个性化的表达［图2-7（b）］。

（a）　　（b）

图2-7　性格类型影响着装

所以，着装反映出人的性格差异，而不同性格的人要想和谐相处，就要彼此了解，透过着装理解他人，正视人与人之间的差异。就像孔子讲，君子和而不同，以开放包容的心态与他人和谐相处，这也是绅士的一种修为。

而说到修为，明代作家冯梦龙在《醒世恒言》中曾经说过："江山易改，禀性难移。"性格有先天的生理基础和神经条件，它不会轻易改变，具有相对的稳定性。但是，“禀性难移”并不是完全不可转变，性格具有一定的社会性，可以经过后天的打磨来改进完善。中国有一个成语叫作“修身养性”，而西方的绅士培养，也讲求通过礼仪的学习、运动的训练，来塑造、改善人的气质与性格。

所以，着装也可以看作一种塑造、改善性格的方式。其实男人穿上绅装，就像女人穿上高跟鞋，会让身姿挺拔，也会对行为举止有所约束，长此以往，在潜移默化之中可以提升个人气质。

03 绅装品格

在莎士比亚的名剧《哈姆雷特》中，有一段经典的独白，御前大臣送别即将启程的儿子，在临行之前，老父亲将自己多年的人生经验化作句句箴言，悉心叮嘱。其中有这样一句：“有钱可以置办贵重的衣服，但是不要奇装异服。富而不俗，因为衣着可以看出人品与个性。”

四百多年过去了，世事沧桑，人性不变。当代人的衣着，依然可以洞鉴人品与个性。个性在前面已经有过探讨，现在聚焦衣着与人品，关注“格”的另一个维度：绅装品格。

中国有句老话，“人靠衣装，佛靠金装”。良好的着装能够提升人的形象气质，这一点大家都有共识。但是穿衣有品，这不是单纯靠花钱就能解决的问题。就像莎士比亚借《哈姆雷特》的台词提醒世人，要富而不俗。如果盲目信奉贵的就是好的，“只买贵的、不买对的”，可能会穿出“人靠金装”式的暴发户形象。又或者，花重金置办衣装用来撑场面，但是驾驭不住，只见衣不见人，甚至气场不合，反衬出自己的不足。

所以，穿衣露富不难，难的是如何做到富而不俗，穿得自在，穿出品位。这一点对于绅装来说尤其重要，因为穿衣之道也是绅士的一种修为。所以品格这部分从绅装自身的特点出发，解读绅装的精神内涵。不同于前面体型和性格的部分侧重分类；在品格层面，绅装讲究内在的统一。事实上，也只有提升内在的品格，才能穿出绅装的精、气、神，真正穿出自信与风度。

绅装态度：自律与尊重

前面的体型与性格部分，聚焦自我，这是着装的出发点。每个人的身体都是着装的物质基础，而内在的心理有如罗盘，指引着外在的行为。现实生活中，没有人能够随心所欲，完全自我的着装。为此，不妨以人格结构的视角来看待绅装。根据著名心理学家弗洛伊德的理论，人格有三重结构：

——按照快乐原则行事的本我（Id），饱含欲望、冲动和生命力，是心理能量之源，也是行为的驱动力；

——按着道德原则行事的超我（Superego），是理想、道德、良知的发源地，能够限制本我，产生负罪感，是行为的指导力；

——按照现实原则行事的自我（Ego），这是构成意识的主体部分，也是人的行为控制力，在本我与超我之间发挥居间协调的作用。

人格的三重结构，可以形象地比喻为海面上的冰山，自我浮出水面，好像在支配着人的行为，但其实深藏在海面之下的本我与超我，才是重要的行为影响因素。

表现在着装行为中，人格的三重结构，每个人的配比不同。有人活得率性，本我占比大，对情景场合、对他人的感受，考虑得比较少。不修边幅，我行我素，自我陶醉……这都是本我的反映。而有人活得比较谨慎，超我占比大，着装时心思细密，考虑周全，在意他人的评价，有时甚至拘谨、自我压抑。当然，大部分人还是让自我发挥作用，在本我与超我之间协调平衡，既能考虑各种社会情境，也能照顾到个人的需求偏好与感受，以现实原则处理着装问题。

以此反观绅装，它作为一种社会情境的着装，其自身的特点决定了超我的占比更大一些。其实，绅装本身没有年龄的限制，它既可以让年轻人显得成熟稳重值得信任，也可以修饰中年人的身材，让他们更加有型有范儿。只是不论什么年龄，穿着绅装，对身体和行为举止都有一定的要求，再舒适的绅装，穿上它也要讲究一种精气神，不能随意躺平。

所以，自律是绅装的核心要义之一。不论是为了符合礼仪规范，还是为了塑造良好形象，穿着绅装，都需要对本我进行一定的约束。当然，这种约束不是刻板，绅装有它的自由度，也有本我发挥的空间。所谓穿衣有品，就是既要符合着装标准，又要穿出个人风格。而这种约束既是一种自我暗示，也向外界传递出一种态度。

这种态度，用英国时尚评论人罗伯特·伯恩（Robert O’Byrne）的说法，一旦我们走出私人空间，进入公众视野，就要考虑自己的外在形象。可能有人认为，穿什么衣服是自己的私事，无关他人，或是有的人提倡尊重个性，这其实传递的都是一种“个人喜好高于他人”的观点。而在他看来，穿着绅装就是要考虑他人，不把自己的偏好置于他人之上。

事实上，人们的着装都是以自我为出发点，但是表现自我不是着装的唯一目的。得体的着装，不仅要照顾自己的感受，追求舒适度，能使自己身心愉悦，更要礼貌地表现出对他人的尊重，让周围的人对你产生好感，增加信任，产生良好的人际互动效果。因此，作为一种偏重社会情境的着装，绅装体现了穿着者心系社会，关注他人的品格，而这也正是绅士精神的一种体现。

绅装与绅士：精神溯源

绅士精神是绅装的内在品格。

说起绅装，很多人会通俗地将它理解为绅士穿着的服装。但是何为绅士？这是一个很难被定义的概念。追溯起来，绅士与骑士有一定的渊源，二者在精神层面可谓一脉相承。中世纪的欧洲，由于战争频发，骑士阶层逐渐兴起。他们不仅骁勇善战，能够冲锋陷阵，还要学习礼仪，凭借美德而扬名天下。所以，骑士精神一度影响了西方的伦理观念，受到男性，尤其是欧洲男性的普遍尊崇。

作为特定历史阶段的产物，骑士随着十字军东征，迎来了黄金时代。后来，由于雇佣兵的兴起，逐渐失去了军事价值，最终退出了历史的舞台。而绅士作为骑士精神的继承者，伴随着社会整体走向制度与文明，开始成为一股新兴的中坚力量。

与骑士相比，绅士少了几分行侠仗义的勇猛和浪漫，所以着装不似骑士那样以甲胄为主。从战场回归日常生活，绅士与骑士的联结，不在衣装而在精神。绅士从骑士那里继承了荣誉意识、责任观念和对礼节的重视，他们仪容整洁，衣着得体，礼让女性，保护弱者，积极参与社会公共事务。

着装对于绅士来说固然重要，但是一个人不会因为穿上绅装，就变成绅士。就像成为一名骑士需要经过艰苦的训练和战争的洗礼，成为绅士也需要多方面的锻造。英国有句谚语，“绅士始于教育，成于社交”[1]。教育之于绅士，就像骑士接受的军事训练，而骑士在战场上立下军功，绅士则在社交场中崭露头角。所以，不能简单地把绅装理解为绅士穿着的服装。尊崇美德，注重品行，举止谦逊，拥有良好的社会声望，上述这些绅士的素养不是单靠衣装就可以达成的。所以说，绅装是具有绅士品格的服装，它不是身份的象征，而是修养的外化。

按照英国时尚评论人罗伯特·伯恩的说法，王室法庭的出现让人们对“绅士”有了更广泛的理解。王室法庭始自威廉一世，是诺曼征服之后，为加强中央集权，压制贵族与教廷的势力而创建的。通过参与王室法庭的陪审团，家境富裕，受过良好教育的绅士，逐渐介入公共事务中。不同于骑士的崇尚勇武，绅士讲究品行，注重谈吐与教养。通过参与社会活动，绅士提高了个人声望，也推动了他们的体面着装。

后来，到了爱德华三世时期，英国推行《太平绅士法案》

[1] 原文为Education begins a gentleman, conversation completes him.

（1361年）。今天，在那些普通法系的国家和地区，比如英国、美国、澳大利亚、新加坡等，依然保留了这种太平绅士制度。当然，今天太平绅士的职能与含义，和最初设立之时有了明显的不同。比如，它也可以授予女性。这既是一份责任，也是一种荣誉，代表了来自民间的肯定与信任。由此也不难看出，古今中外，良好的品行与社会声望始终是绅士的核心品质。

中国士绅：修齐治平

其实说起太平绅士，我国历史上也有类似的说法。“士”这个字，类似于今天某某“先生”这样的称呼。从身份的角度来看，早在春秋时代，齐国著名的政治家管仲就提出了“四民”的说法。当时的社会，有天子、诸侯、贵族与庶民之分，而管仲又将平民阶层进一步划分为士、农、工、商四大类。

与西方的经历类似，早期的士多为习武之人，管仲之后，孔子大力兴办教育，读书人开始成为士的主体。后来，科举制度的出现，使士成为官僚体系的贮备，读书人通过考取功名来改变命运，士与官有了变通的途径。这样，不论是否为官，士绅阶层逐渐成为一种社会力量。

比较而言，中国传统士绅阶层信奉儒家的“修身齐家治国平天下”理念，在漫长的历史演进中，他们成了维护传统社会公序良俗的根基人物。而在参与社会事务之外，士绅阶层大多讲求诗书耕读，注重生活品位。这正如民间所说，一代富二代贵三代雅，从书法绘画到文玩器物、从家居陈设到宅园庭院，士绅阶层的品位影响了中国的文学艺术、工艺美术、建筑园林乃至戏曲音乐，他们以德润身，怡情养性，成为世人仰慕的君子。

绅士进化：企业家精神的融入

从前面可以看到，不论东方还是西方，品德与品位成为传统绅士的核心品质，而随着时代的发展，绅士精神也在不断进化。

在西方，文艺复兴之后，大航海开启了工业革命的新篇章。贸易与工商业快速发展，原本以乡绅为主体的绅士阶层开始出现扩大化的趋势。新兴的工商业主依靠个人奋斗积累财富，他们渴望打破身份的禁锢，实现阶层的跃升。为此，他们注重自己的言行举止，学习社会上层的着装与生活方式，由此成为新绅士。

如果说旧绅士是富有教养和风度，温良敦厚的形象，那么工商阶层兴起后的新绅士，则是见多识广、谈吐不俗，理性而果敢的形象。他们遵守商业道德，信奉公平公正，拥有坚韧不拔的性格以及追求成就的决心，这些都为绅士精神注入了新的时代特色。同时，新绅士摒弃了旧绅士的保守主义，这种创新开拓的基因契合了时代的发展。所以，随着欧洲的海外殖民，西方的新绅士文化被推向世界。

在英国，著名哲学家洛克在《教育漫话》一书中提出了绅士教育的主张，为这种新绅士文化做出了很好的注脚。在他看来，绅士应当具备德行、智慧、礼仪和学问四种品质，既要有贵族的风度，能活跃于上流社会和政治舞台，又要有企业家的进取精神，能够成为发展经济的实干人才。所以，教育的目的不是培养教士、学究或是朝臣，而是培养身心全面发展、具有良好风度的实干家。

而与西方的绅士进化类似，近代以来，中国的士绅阶层随着工商业的兴起，也开始发生变化。过去，中国作为农业大国，历史上一直采取重农抑商的政策。不过，早在春秋战国时期，商人群体中就曾涌现出一系列举足轻重的人物：儒商鼻祖子贡（端木赐）、将兵法运用于经商的白圭、辅助越王勾践复国雪耻的范蠡（陶朱公）、以奇货可居的思路拥立太子，最终封侯拜相组织编纂《吕氏春秋》的吕不韦。所以，司马迁著《史记》，专门作一篇《货殖列传》，为工商业者书写传奇。

而汉代以来，丝绸之路打开对外贸易的通道，商人群体进一步扩大。进入唐代中后期，坊市制度逐渐被打破，商人亦可入仕途。而宋代城市商业经济的繁荣，使工商业在整个国家经济中的比重逐渐提高。到了明代中叶以后，手工工场的规模进一步扩大，民营手工业超过了官营手工业。清代虽然闭关锁国，但是国内工商贸易繁盛，催生出晋商、徽商、浙商、粤商等几大商帮。到清末，伴随着1840年鸦片战争带来的社会变革，中国的民族工业从无到有，而传统士绅阶层在科举制度被废除之后，也随着中国绅士的现代化转型真正融入企业家精神。

中国新绅士：自信　格局　品位　责任

从前面的回顾中可以看到，绅士在西方和中国，其兴起的社会历史土壤不尽相同，但是发展演变的路径有着相似之处。而且，无论什么时代，东方还是西方，绅士作为社会的精英阶层，其崇尚的理念也有许多相通之处。

事实上，绅士历来都是一个无形的“声誉群体”，他们的影响力首先是靠声誉而不是靠权力来实现的。曾经有学者比较民国绅士和旧绅士，提出中国绅士的能量主要取决于自身所掌握的政治资源、经济资源、文化资源和社会资源（图2-8）。

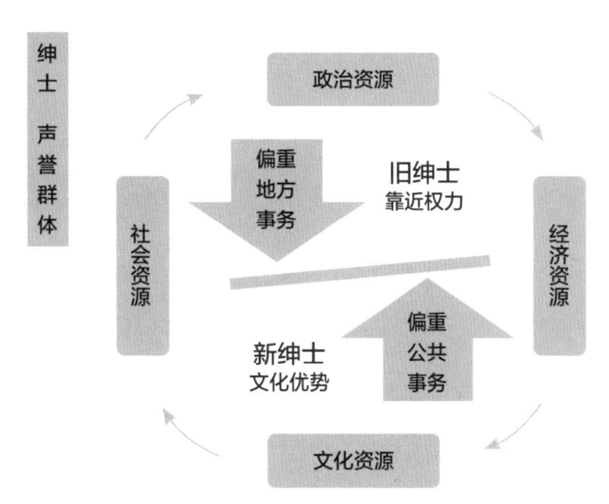

图2-8　新旧绅士的对比

传统绅士因接近权力而享有社会声望和广泛影响力，而民国新绅士的地位则是建立在智识和职业之上，他们属于功能型精英，依靠文化上的优势，积极参与社会公共事务，在这个过程中，获得社会影响力。

而文化因素也是几千年来中国绅士进化的整合力量。骨子里，修齐治平的思想是中国绅士的精神内核。生于乱世，救亡图存是他们的使命，实业报国是他们的理想。而如今，生逢盛世，走进新时代的中国新绅士，作为改革开放的受益者，得风气之先，引领时代发展。在他们身上，体现着自信、格局、品位和责任的新绅士精神（图2-9）。

自信：自信一方面源于自律。新绅士大多勤勉坚韧，他们是新时代的弄潮儿，一路迎难而上，披荆斩棘，依靠个人奋斗实现一个又一个目标，凭实力而自信。另一方面，改革开放四十年，中国经济一路高歌猛进，涌现出无数传奇，新绅士抓住时代的红利，在各自的领域做出属于自己的成绩。所以，新绅士的自信也来自大国崛起的时代主题，来自民族文化的觉醒爆发。这自信既是个人成就带来的光环，也是群体精神传承的光芒。在这个时代，

图2-9 乔顿先生

扬眉吐气做一个中国人，是中国新绅士的底气，也是着装自信的根本来源。

格局：中华文明上下五千年，其间不乏民族交流与融合。近代以来，中国被迫打开国门，所经历的不只是中西文化差异带来的冲击，更是工业文明对传统自然经济的洗礼。所以，和旧绅士不同，新绅士需要超越纵向的历史经验，开展跨越地域的横向交流，从单一模式切换到多元并行、交融、重构的兼容模式。而这就是格局，拉长历史周期，放大空间范围。

谈到格局，在浙江乔顿服饰股份有限公司主办的“乔顿先生之夜”盛典活动上，其董事长沈应琴先生曾以“日月入怀，大国气象”为主题发表演讲。他说：“日月入怀，指的是一个男人的风度和胸怀，而大国气象，指的是一个国家的从容与格局。”不同于民国绅士开始放眼看世界，今天在一个全球化的时代，中国新绅士面临百年未有之大变局，更要讲格局（图2-10）。这种格局是眼界和志向，也是思考维度，它是做事的心态与境界，更是为人的智慧和气度。

图2-10 中国新绅士：自信 格局 品位 责任

品位：品位与品味，一字之差，揭示出它超越了审美与生活情趣的层面。品位对应的英文是Grade和Degree，作为一个矿产术语，它可以通俗地理解为档次、成色、品相。而品味对应的英文是Taste，更偏重感觉，是一种体验与鉴赏。所以，谈及绅装，更多时候用是的品味；而说起绅士精神，还是要回归到品位。

无品位，不绅士。就像《纽约时报》的格·考夫曼评论洛克的绅士教育："对于今天的每一个男人来说，在学会创造财富之前，必须接受绅士教育，以免成为市井无赖或唾沫横飞、指甲发黑的暴发户。"财富从来不是绅士的标配，它需要与绅士的品德相匹配。

改革开放以来，中国社会转向以经济建设为中心，财富成为人们关心的议题。但是成就绅士的，不是财富，也不功名，不是这些看得到的荣耀。中国传统文化一直讲究"德"与"位"的匹配。而回顾过往的历史，绅士向来以崇尚美德和谦逊有礼而著称。所以，《易经》中乾坤二卦组合在一起，就是"天行健，君子以自强不息；地势坤，君子以厚德载物"。绅士即君子，德要配位，所以品位也是中国新绅士精神的必修课。

责任：不论古今中外，绅士作为中流砥柱，始终发挥着社会协调的作用，也是慈善与公益事业的主要力量。其实，责任才是绅士精神的根本驱动力。不论财富还是声望，绅士所拥有的，最终还是要转化为责任，回馈于社会和他人。

在中国，改革开放四十年，解放了思想，解放了生产力，激发出人们的主观能动性。在新时代的语境下，不安于现状，不墨守成规，新绅士有着强烈的成就意愿和奋斗精神。这与西方绅士文化融入企业家精神，推崇创新进取，可谓是遥相呼应。但是，不论创造财富，还是获取成就，人如果没有终极的思考与关怀，没有利他之心和大爱，就容易把手段当成目的，陷入贪婪与虚无。所以，新绅士需要责任感，这也是政治家与政客、企业家与商人的根本区别。

从朴素的家庭责任感、事业责任感，到社会责任感、历史责任感，就像莎士比亚在《亨利四世》中的那句台词"欲戴王冠，必承其重"。对于新绅士来说，他们是被时代选中的人，所以能者多劳。

而且，就像做企业都讲求使命（Mission）、愿景（Vision）和价值观（Value）。这些不是虚设的形式主义，而是在今天这个时代，没有信念感的人与事都很难持久。所以，对于新绅士来说，责任不是外界施加的负担，而是源自内心的一种使命召唤。

绅士不止于风度，更在于风骨，自律其行，自强其心，自如有度，自得其乐。所谓正衣冠，养心神，绅装既是“衣品”的修为，亦是“人格”的淬炼。只有内外兼修，才能触类旁通，透过着装之道，达到“见自己，见天地，见众生”的境界。而关于自信、格局、品位、责任的绅装精神，在本书第六章中，还可以透过各位乔顿先生的故事，看到更多生动精彩的解读。

04 绅装型格

本章聚焦型格，前面从型与格的角度分别进行了讨论。在此基础上，综合型与格、人与衣，进行绅装型格的讲解并展开测试。

基本型格：经典版型

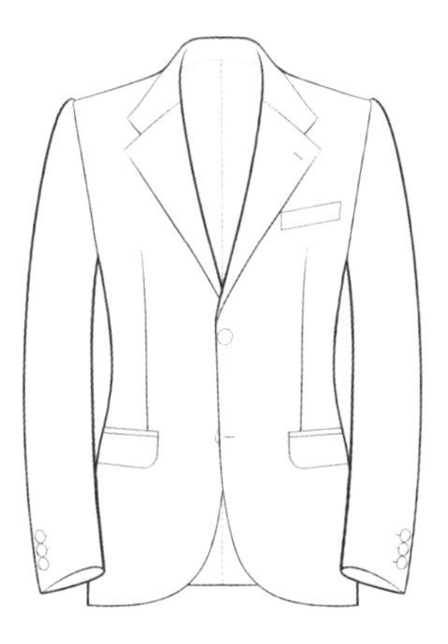
图2-11 英式西装上衣

绅装以西服为核心。一般来说，主流的西服分为三大经典款式版型：英式、美式和意式。它们起源于不同国家，受历史人文与气候的影响，带有各自的地域特点，适合不同性格与身材的男士。

（1）英式：作为现代西装的源头，英式讲究严肃正统，修身挺拔（图2-11）。英式的腰部通常都做了省道处理，所以腰身更服帖，加上立体的垫肩，整体呈X型。从款式来看，英式的衣身较长，背部为双开衩，因为英国气候相对湿冷，一般面料和胸衬都比较厚重，这也强化了整体的挺括感。

传统英式西服做工精细，不花哨。比较有特色的是右口袋上方，有小票袋的设计。这是早期绅士们用来装歌剧门票的，现在又称其为零钱袋，是英伦复古风的小细节，现代版有些简化掉了。比较而言，英式西装最为传统，相对严肃，在比较正式的场合，能营造出庄重的感觉。从穿着者的性格来看，适合相对稳重保守、身材保持良好的男士。

（2）美式：像美国人的性格一样，渴望自由，崇尚自然，追求舒适、务实，美式西装又称为袋型西装（Sack Suit），形象地翻译，就是像麻袋一样的西装。它的版型更为宽松，衣型方正，一般没有收紧的省道设计，腰身不明显，整体呈H型，直线条的箱形轮廓。

从体型上来看，因为美国人比欧洲人块头大，所以美式西装的版型适合身材比较健硕的男士。当然，美式西装不收身，具有普适性，一般不挑人，多数人的体型也都能驾驭（图2-12）。

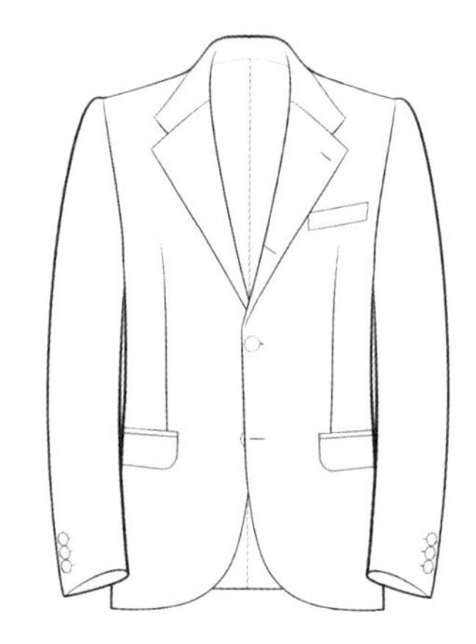

图2-12 美式西装上衣

从款式来看，美式一般是单排两粒半扣，垫肩和胸衬都更为轻薄，甚至没有垫肩。后背是中间开衩或是钩状开衩，更便于活动。从场合来看，美式偏休闲风格，在一些相对轻松的场合比较适宜。而在性格方面，它更适合那些追求自由、喜欢随意舒适的男士。

（3）意式：意大利地处南欧，这里的人们热情奔放；而身高在欧洲人里差不多属于中位线以下，所以整体的风格追求精致。与英式的庄重严谨不同，意式富于变化，充满人文艺术气质；用色也比较大胆，有很强的时尚感。

从版型来看，意式西装强调柔软的线条感，它突出肩部，收腰且下摆收紧，整体呈宽肩窄腰的T型（图2-13）。而在款式方面，意式不像美式与英式，二者一脉相承，而意式独立于外，有自己独特的设计语言。比如嵌线袋（去掉袋盖能使腰身部分更利落，有种无缝连接的整体视觉效果），比如更有挑战性的工艺，像船型胸袋（Barca Pocket，胸袋采用曲线，状如船底，更富于立

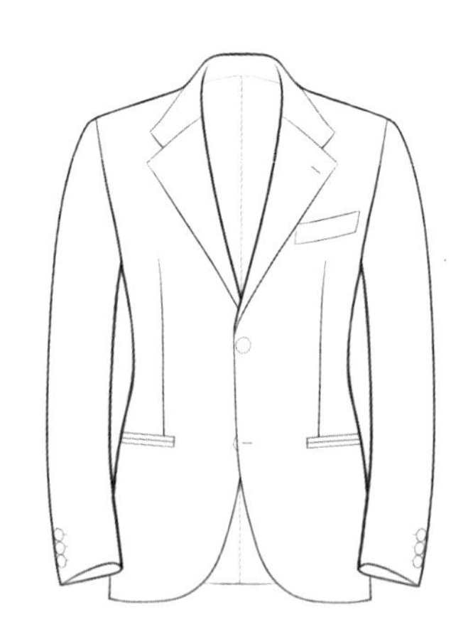

图2-13 意式西装上衣

体感），吻扣（Kissing Button，将纽扣堆叠在一起缝装）。此外，意式西装大多后背不开衩，还常见双排扣的款式，偏爱四粒或六粒扣的戗驳领设计。

整体来看，意式比较适合肩宽的男士，既能凸显挺阔的肩部，又能拉长身材比例，不会给人压迫感。此外，它对身材瘦小的男士也比较友好，能够让他们看起来精致而潇洒。从性格来看，意式偏外向型人格，适合从事时尚创意类工作的人群，可以让他们更加大胆、个性化地展示自我。

改良创新：日式风格

三大经典版型有各自的风格溯源，它们都是以欧美人的身材为基础，结合了民族性格特点，构成了基本的型格。但是亚洲的人种不同，在体型、体态与文化方面都有明显的差异，所以不能全盘照搬欧美。这方面，邻国日本自明治维新时代开始引进西式服装，经过较长时间的探索，因地制宜进行改良创新，逐渐形成了自己的风格与特点。

按照引进的时间顺序，日本的绅装体系是先英式，后美式。英式集中在社会上层，以礼服居多。而民间引进则以美式为主，通过不断的模仿再造，形成了独特的日式休闲风。

具体来看，在美式的基础之上，日式发展出两大场合着装体系。一类是职业场合，受美式风格的影响，日式主要走实用主义路线。但是与美国人的性格不同，日本人注重规则秩序，认真严谨，尊崇等级。西装是日本职场男性的标配，而且千篇一律，不主张个性。所以，日本的职业场合，保持了正装的标准，是比较经典的窄版H型，没有宽肩细腰，垫肩不高，不过分收腰，后背不开衩，袖长较短，整体简洁实用，干练低调，以黑灰蓝这些基础色为主。

同时，由于日常的高频穿着，而且很多地方，从基层员工开始就要求穿着西装，所以适应日本职场，通勤的绅装非常讲求功能性。例如，考虑到日本人的收纳习惯，内侧有大小不同的口袋可以分装各种常用的小物件；作为每日通勤的服装，注重实穿性和耐磨性，开发了诸如防水、抗皱、免烫、可机洗等功能。

此外，日本文化中也一直强调工匠精神，这一点在绅装的制作工艺、研发等方面也都有所体现。所以，日式虽然改良自美式，但是比美式更精致，结合了自身的人种特点和民族性格，功能性更强，整体风格更为干练实用。

而在职场通勤以外，日式风格在休闲领域打开了一片新天地，不仅自成一体，还实现了反向输出。就像美国人类学者本尼迪克特在《菊与刀》中所剖析的，日本是一个充满矛盾性的民族。所以日式绅装，一面是严谨刻板的职场着装，另一面则是注重舒适度、讲求生活化的休闲风格。后者依然以美式为原型，版型宽松，自然肩，贴袋设计，甚至可以没有衬里，色彩体系不像意大利那么浓艳，整体追求自然和谐。

后者被誉为日系美式，它将日本人的审美品位、精细化做事的态度赋予着装，在对美国常春藤风格的模仿中，打造出属于日本的特色。比较起来，欧美在快速的潮流更迭中，反而失去了自身的传承。以至于21世纪，美国本土男装掀起复古潮，而日本当年的杂志和影像竟然成了重要的参考。可以说，善于学习，在模仿中创新，也是日本人的一大特点。

兼收并蓄：中国型格

本书第一章曾经回顾过中国绅装的发展历程，纵观百余年来的进化演变，可以看到，中国正在形成兼具民族特色与国际视野的绅装文化。其中，既有改良创新，例如中山装就是典型的例子，它结合了中国人的体型特征与文化底色。另外，我们也广泛引进，不断与国际接轨。不论是欧美的三大经典版型，还是日式风格，都可以在国内找到对应的人群。所以，庞大的人口基数，兼收并蓄的版型特点，使得中国型格具备了可以进一步研究与细分的前提。

早在1986年，中国服装设计中心就曾经开展《我国西服结构研究》的课题，对中国人的体型特点及其适合的西服结构展开研究。2017年，中国商务男装研究中心在中国服装协会的指导下，

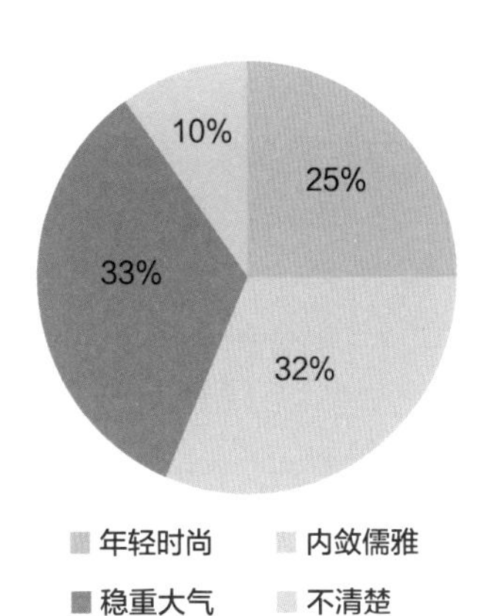

图2-14　中国商务男士的型格分布
数据来源：中国商务男装研究中心

通过定量和定性相结合的方式，对中国商务男士的型格气质展开了研究，结果如图2-14显示，中国商务男士的型格分布以稳重大气、内敛儒雅和年轻时尚三种类型为主。

这是国内首次提出型格的概念，型格是身与心的结合，透过型格分类，可以增进人们对自我的理解，推动人与衣的匹配。同时，关于型格的研究，也有助于推动中国绅装在版型、款式方面的优化，使其更适应中国男性的体型特点，更符合中国男性的气质特征。

型格测试：更新迭代

自从2017年中国商务男装研究中心首次进行型格测试，至今关于绅装型格的研究有了更清晰的理论架构。另外，绅装也出现了年轻化、生活化的趋势，所以相应地，需要对型格分类做出一些修订。具体来看，基于对气质、人格、性格方面的研究，结合体型分类、生活方式等多方面的因素，在2017年版研究问卷的基础之上，本书编制了新的量表（表2-5）。在此，各位读者也不妨测试一下，看看您属于哪种型格类型。

绅装型格测试

【说明】型格测试主要是为了增进自我了解，根据型格匹配着装，也便于我们开展研究，为您提供着装建议。题目没有标准答案，也没有对错好坏之分，请根据自己的实际情况来填答。每题单选，如果没有最佳选项，请根据个人喜好与意向，选择相对接近的一个。

表2-5　绅装型格测试量表

编号	问题	备选项		填答（单选）
1	您的“心理”年龄	A.28岁以下 B.29~35岁	C.36~45岁 D.45岁以上	
2	您的体型属于	A.Y型（胸腰差：17~22cm） B.A型（胸腰差：12~16cm） C.B型（胸腰差：7~11cm） D.C型（胸腰差：2~6cm）		

续表

编号	问题	备选项		填答（单选）
3	您的职业类型	A.创意创作演艺类 B.商务管理类	C.专业技术类 D.行政管理类	
4	您的工作属性	A.自由职业 B.个体、私营企业	C.事业单位 D.政府机关/国企	
5	您最喜欢哪种版型	A.意式（时尚） B.英式（挺括）	C.日式（精细） D.美式（宽松）	
6	您希望塑造的形象	A.潇洒 B.干练	C.风雅 D.权威	
7	您的着装属于	A.时髦 B.流行	C.经典 D.标准	
8	挑选绅装最在意	A.款式色彩 B.面料做工	C.版型 D.舒适度	
9	最重视的搭配	A.口袋巾 B.领带	C.皮鞋 D.手表	
10	购买服装最在意	A.款式 B.品牌	C.风格 D.价格	
11	您的着装信息来源	A.时尚资讯 B.导购店员	C.文艺作品 D.家人同事	
12	您的着装会参考	A.名人及博主/朋友 B.商界精英/客户	C.历史经典/偶像 D.政界精英/领导	
13	您对着装的理解是	A.着装是创意组合的过程，很有意思 B.主要考虑场合，按照着装规则来穿搭 C.享受过程，有一种仪式感 D.按固定搭配和常规组合，不会出错		
14	您对着装的态度	A.热爱着装，愿意尝试不同的风格 B.注重着装，愿意听取他人意见 C.在意着装，有自成一体的风格 D.换需购买，有自己的一套程式		
15	您最关注哪类信息	A.社会新闻、娱乐休闲、潮流资讯 B.股市行情、财经新闻、行业资讯 C.艺术、文化教育、技术互联网 D.时事政治、地方大事、政府公告		
16	最喜欢的放松形式	A.运动旅行 B.聚会聊天	C.读书散步 D.美食睡觉	
17	最喜欢的休闲方式	A.上网、打游戏、自驾游、露营 B.KTV、酒吧、社交聚会 C.钓鱼、园艺、厨艺、看电影 D.看电视、喝茶、棋牌活动		

续表

编号	问题	备选项	填答（单选）
18	最喜欢的运动方式	A.身体对抗（篮球/足球）冒险（攀岩/户外/卡丁车/滑雪/冲浪）搏击器械力量等 B.中等强度对战（乒乓球/羽毛球等）；社交类运动（高尔夫/骑行等） C.中等强度的个人项目（如游泳/跑步/跳绳/瑜伽等） D.低强度个人项目（如散步/太极等）	
19	最喜欢的音乐类型	A.摇滚、嘻哈、电子音乐节奏感强 B.爵士、流行音乐 C.轻音乐、民谣、古典音乐、经典港台 D.民歌、地方音乐/戏曲、红歌	
20	您最接近哪一组人	A.主人公、竞选者、表演者、执政官 B.企业家、总经理、指挥官、辩论家 C.调停者、提倡者、守卫者、探险家 D.建筑师、逻辑学家、鉴赏家、物流师	
小计	【结果统计】最终A、B、C、D四个选项中，哪一个选项被选中的次数最多		
	选A ______ 选B ______ 选C ______ 选D ______		

【结果说明】型格测试结果如图2-15所示。

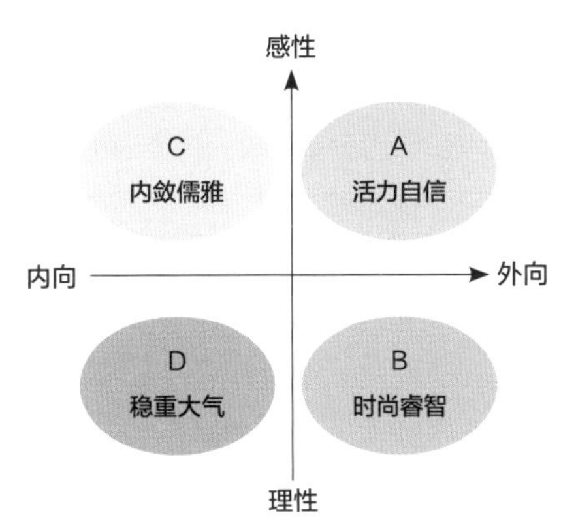

选A最多：活力自信型
选B最多：时尚睿智型
选C最多：内敛儒雅型
选D最多：稳重大气型

图2-15 型格分类图

【备注】如有两个选项一样多的情况，属于兼型，即兼具两种型格特征，例如A、B都是最多的，属于外向，兼具感性与理性特质。如果四个选项一样多，属于未分型，说明型格多元兼容，尚未形成明显的倾向性。

（1）A活力自信：外向感性。

型格关键词：感官（Feeling）、创新（Creative）、多元（Diversify）

体型特点：结实健硕，注重身材管理。

性格描述：乐观豁达，做事有魄力；精力旺盛，喜欢运动，敢于挑战；爱交际、讲义气，善恶分明，情感强烈；注重自我感受，喜欢尝试新鲜事物，追求感官享受，有时会喜欢出其不意，有点好胜。

版型分类：修身型

着装风格：关注潮流，追求个性，寻求充满张力的着装；不掩饰身材的优势，渴望被关注；有时也喜欢自由宽松的着装，不喜欢束缚。会尝试大胆的款式、色彩与搭配；无论怎样扮酷，最终是为了体现趣味和创意，寻求不被定义的状态（图2-16）。

图2-16 活力自信：外向感性

（2）B时尚睿智：外向理性。

型格关键词：实感（Sense）、精致（Fine）、开放（Open）

体型特点：身材匀称，注重个人形象。

性格描述：思维敏捷，做事干练利落，有条不紊；开朗健谈，社交广泛，为人处世讲求变通；注重实际，善于分析，行动力强，对新事物和变化有较强的适应能力。

版型分类：修身型

着装风格：简约干练，精致有品位；不会受限拘泥于传统造型，但是也不会用大胆、夸张的设计来夺人眼球。属于自带光芒的类型，主要依靠面料图案的肌理、色彩搭配的变化来凸显时尚感；注重着装的细节和功能属性，讲求变化，愿意尝试新风格（图2-17）。

图2-17 时尚睿智：外向理性

（3）C内敛儒雅：内向感性。

型格关键词：直觉（Intuition）、平衡（Balance）、风雅（Elegant）

体型特点：常见的身体形态，一方面和体质、年龄有关，另一方面也是因为对待身体，抱持一种比较放松的态度。

性格描述：性情平和，温文尔雅；世事洞明，皆存于心。善于观察，对事物的变化发展有着敏锐的直觉判断；注重仪态，讲求生活品质与平衡；强调内心的修炼，对外界有一种超然的态度。

版型分类：舒适型

着装风格：具备绅士气质，能把经典款穿出自己的味道，低

图2-18　内敛儒雅：内向感性

图2-19　稳重大气：内向理性

调自然，讲求版型和面料的舒适度，着装用色淡雅柔和，偏爱经典款，不会猎奇尝新，有自己的规则；搭配用心，细节之处见品位（图2-18）。

（4）D稳重大气：内向理性。

型格关键词：思维（Thinking）、权威（Commanding）、责任（Responsible）

体型特点：体型偏胖，具有一定的量感。

性格描述：有很强的责任意识和使命意识；遇事沉着，做事讲究计划与逻辑，擅长推理判断和策略性思考；注重权威感，喜怒不形于色，有时会略显严肃。

版型分类：宽松型

着装风格：有自己的主见，不为潮流所左右，款式相对保守，重在版型和工艺细节，讲求高品质面料和穿着的舒适感，用色持重，整体风格偏向正式、严肃（图2-19）。

第三章

绅装衣橱

GENTLEMAN'S WARDROBE

在前面的章节中，本书通过全景式扫描，定义绅装，与读者一道浏览了绅装的历史文化；而后，从型格角度解析绅装，帮助读者进行自我分析与定位，把握绅装品格与精神。按照“人、衣、场”的逻辑顺序，本章进入实战部分，结合示例，讲解绅装的主要架构与规格品类，帮助读者搭建绅装衣橱。

01

绅装体系

在本书第一章曾经提出，绅装是以西服为核心的现代男士场合着装体系，是全场景的着装解决方案，在此，首先对绅装体系展开介绍。

礼服与常服

绅装以西服为核心，但它不止于西服。如图3-1所示，它可以划分为礼服与常服两个体系。其中，礼服具有较强的规定性，大多与场合绑定，因此，在下一章，结合场合着装的具体要求，再对礼服做进一步的展开。而本章聚焦常服，事实上，这也是大多数国人的衣橱主题。

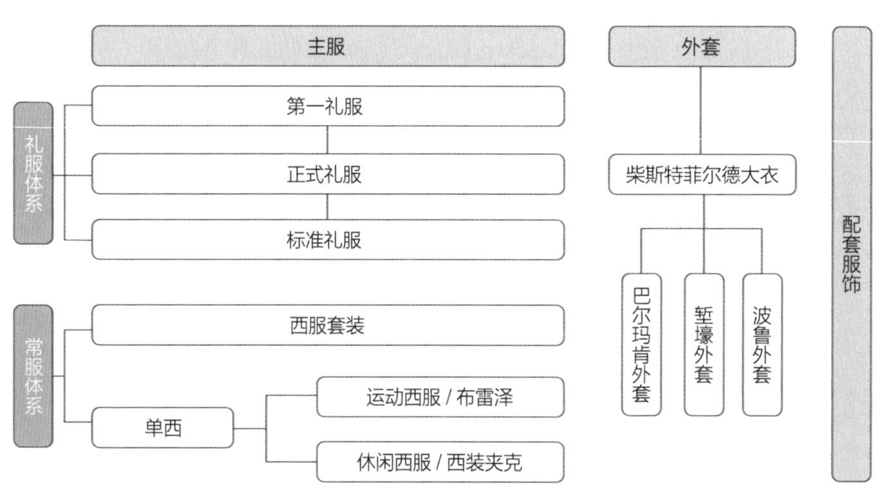

图3-1 绅装体系：礼服与常服

除了礼服与常服的划分，绅装还可以分为主服、外套与配服配饰，其中，西服作为主服，是绅装常服的核心，而它又可以分为套装与单西两大类。我们由此入手，重点介绍西服，再以此为基础，介绍西装的配套服饰。

套装与单西

图3-2 西服套装（三件套）

从最基本的要素来看，西服可以分为西服套装和单西两种不同的穿着方式。西服套装是成套穿着，即上下同质同色的西装组合。标准的西服套装是三件套，包含了西装上衣、西裤和西装马甲（图3-2）。而现代简化版西服套装是两件套，只有西装上衣和西裤。

西服套装具有很强的整体视觉效果，如果剪裁合体，做工精良，能够很好地修饰身材，显得人挺括有型。所以，对于内敛儒雅和稳重大气两种型格的人来说，西服套装比较适合他们穿着。

由于西服套装具有同色同质的特点，在很多人眼中，它端庄得体，被通俗地认定为正装。但其实，正式的场合，尤其是国际社交中的正式场合，往往需要特定的礼服，而一般的西服套装缺少缎面领、缎面包扣这类华丽的礼服元素，所以它在仪式感方面，和正式礼服相比，存在一定的差距，称不上正装。

另外，有人觉得西服套装给人一种比较强的商务感，叫它商务套装，这样的说法也不够准确。在场合着装的规则中，确实有半正式/商务（Semi Formal/Business）这样的说法，就是将套装置于正式礼服与休闲西服之间。但是，套装面向的场合，并不一定都是商务属性，也有婚礼、主题聚会这样的生活社交场合。

所以，西服套装不等于正装，也不等于商务套装，套装这种形式固然提升了着装的严肃性，但它可商务也可休闲。通常，商务场合用的西服套装，以黑、蓝、灰这类正统的颜色为主，搭配的衬衫领带也比较干练简约。而通过色彩、面料、搭配的变化，西服套装也可以灵活变通，广泛应用于一些生活场合。

以图3-3中的这组西服套装为例，它们采用了比较亮的颜色，通过不系领带、系花色领带，减少了商务感，让西服套装表现出

图3-3 西服套装也可以用于生活场合

艺术气质与生活氛围的一面。相比较而言，这组西服套装更适合休闲聚会，观看文艺演出、艺术展览等多种生活场合。

单西与夹克

与西服套装相对应，单西是没有成套穿着的西装上衣，它比套装少了严肃性与正式感，所以单西无法作为礼服穿着。但是，单西的内搭更为多样化，可以搭配的裤装和鞋子也有较多的自由度，所以应用场合十分广泛。相对而言，单西更适合活力自信、时尚睿智两种型格的人。

具体来看，单西又可以分为两类：一类是特殊的组合形式，叫作布雷泽，又叫作运动西服；而另一类属于休闲西服，又叫作西装夹克。

说起夹克，可能在国人的印象中，它和西装是两个不同的品类。其实，夹克是对英文Jacket的音译，这个词来源于法语，它的原意是小巧轻便的外衣。夹克的种类非常多，从华丽的西班牙斗牛士上装（Torero Jacket），到绅士的户外着装标配猎装夹克（Safari Jacket），从备受年轻人喜爱的棒球夹克（Baseball Jacket），到酷劲儿十足的机车夹克（Biker Jacket），乃至非常实用的羽绒夹克（Down Jacket），这些变化多样的着装，都属于夹克的范畴，所以夹克可谓是种类繁多，包罗万象。

基本上，夹克的大类有几十种，下面还有各自细分的小类（图3-4）。而且，它最初是西方男子特有的上衣形式，但是“一战”之后，女装也开始出现上下分离的“二部式”结构，所以夹克发展到现代，成了西方对男女上衣的总称。例如，香奈儿女士最著名的小香风外套，就叫作小黑外套（Little Black Jacket）。

而这些千差万别的夹克，共同特征就是作为上衣，普遍采取前开门的形式。通常，夹克里面有内搭，它的两个前片采用系扣或拉链的形式连接起来。比起大衣外套，它相对轻、薄、短，一般长度在腰以下、臀部以上。

所以，广义的西服，即西式服装，它包括了西服套装、西式大衣、衬衫、马甲、毛衫、夹克等各种类型。从这个角度来说，夹克属于西服。而从狭义的层面来理解，汉语中的西服，类似于日本人说的洋服，有相对固定的形制。按照约定俗成的方式来看，它主要是指20世纪初自西方传入中国，开襟系扣，带有翻领驳头以及口袋等元素的西式上衣。而与之相配的长裤，被称为西裤。通常，西服多指男性服装，国内习惯将女款称为女西服，还把与女西服配套的直筒裙称为西服裙。所以，从狭义的角度来看，西服有不同的穿着方式，搭配同色同质的西裤，称为西服套装；而单独穿着的西服上衣，被称为单西；在相对休闲的穿搭方式中，单西又可以叫作西装夹克。

图3-4 夹克：种类繁多，千差万别

西服的款式要素

通过前面对套装与单西、西服与夹克的梳理，可以看到，是否成套穿着是区分西服的一个关键性要素，同色同质为套装；异色异质为单西。而抛开穿着方式的不同，西服套装的上衣和单西其实是互通的，拥有相似的款式要素。所以，聚焦西服的上装，可以通过梳理，归纳出西服的款式要素，按照重要性排序，主要有如下几组。

- **穿着方式**：套装/单西
- **领型**：平驳领/戗驳领/青果领（青果领主要应用于礼服）
- **纽扣排布**：单排/双排
- **有无马甲**：两件套/三件套
- **开衩形式**：中间开衩/侧边开衩/钩状开衩/不开衩
- **肩线**：宽肩/平肩/自然肩
- **口袋样式**：有袋盖口袋/嵌线袋/贴袋
- **衬里**：全衬里/半衬里/无背衬

在这些款式要素中，关于穿着方式，前面已经对套装和单西分别进行了介绍，而排在第二位的领型，则是另一个重要元素。中文有一个成语，叫作提纲挈领，“领”指的就是衣领，它在中国传统的服饰文化中，别具深意。例如，汉服讲究交领右衽，领是民族识别的标志。再如，这一组词：“领导”“领先”“领主”，都离不开一个“领”字。而“领袖”一词更是借用服装中的领子和袖子，比喻为他人作表率，进而引申为最高领导人，可见“领”的重要性。

中西文化在此达成共鸣，都重视领部的形式与变化。而具体到西服，提纲挈“领”来看，主流的领型有三大类：平驳领、戗驳领和青果领（图3-5），它们的区别主要在于串口线的有无及其角度的不同。

相比较而言，青果领主要用于无尾礼服、塔士多，在日常的西服中应用较少；其他如半平驳领、圆角驳领（鱼嘴领）也都比较少见。所以，就西服的日常款式而言，决定性的第二大要素是

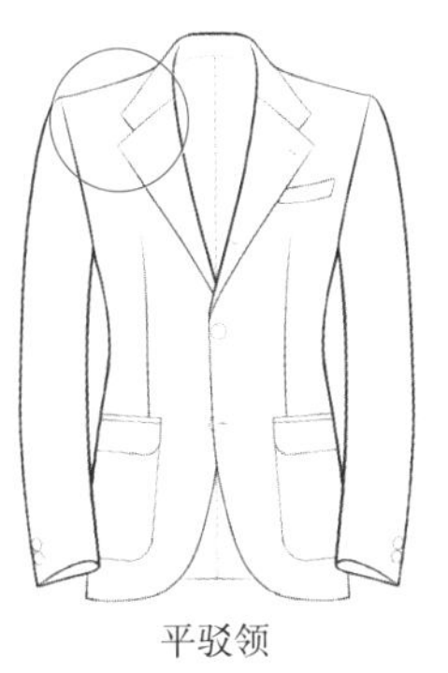
平驳领

戗驳领

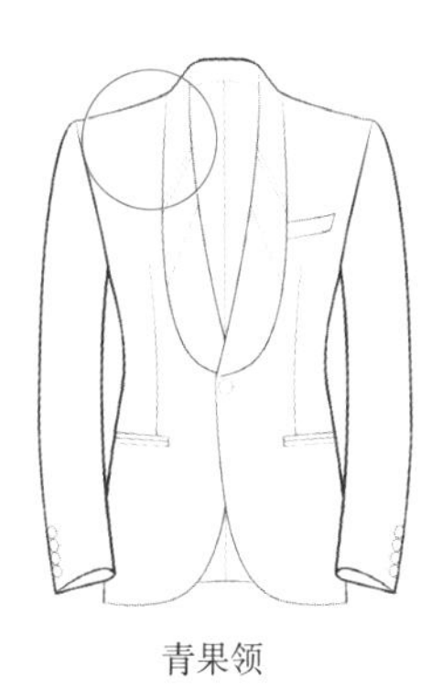
青果领

图3-5 西服的主流领型

领部的驳头，以平驳领和戗驳领为主。

而领型之外，第三大要素，就是西服作为开襟系扣的上衣类型，前襟的纽扣排布也是一个关键点。常见的西服，有单排扣和双排扣两大类，双排扣的正式程度高于单排扣，这是决定西装规格的第三大要素。进一步来看，单排扣的主流样式，有两粒扣和三粒扣之分；而双排扣西装的扣位数量与排布，变化比较多，并且它主要应用于戗驳领。

此外，除了领型、排扣，还有一个要素也会影响西服的级别，那就是马甲。西服套装在过去又被称为马甲套装（Vested Suit），直到20世纪60年代，西服三件套才被简化的两件套取代。所以，从着装规格来看，配马甲的三件套规格高于不配马甲的两件套；而单西一般是不配马甲的；当然，为了风格化，或者出于实用性的保暖需求，单西也可以有配马甲的穿着形式。

除了前面四个核心要素，其他款式要素，比如开衩、肩线、口袋、衬里，以及更细节一些的，像袖口的纽扣数等，基本上不影响西装规格，主要是一些风格差异。

常见的西服款式

通过前面款式要素的分析，我们可以从繁杂的款式细节中跳脱出来，聚焦重点，找到西服体系的内在结构和其中的规律性。首先，穿着方式这个要素，即套装与单西的不同，是决定着装规格的关键，因此，在后面的章节，针对套装和单西，分别展开详细的介绍。

而从具体的款式要素来看，领型与纽扣排布是比较核心的要素，它们的组合，如图3-6所示，由于有一种组合比较少见，所以最终形成西服的三种经典组合：戗驳领单排扣、戗驳领双排扣和平驳领单排扣。

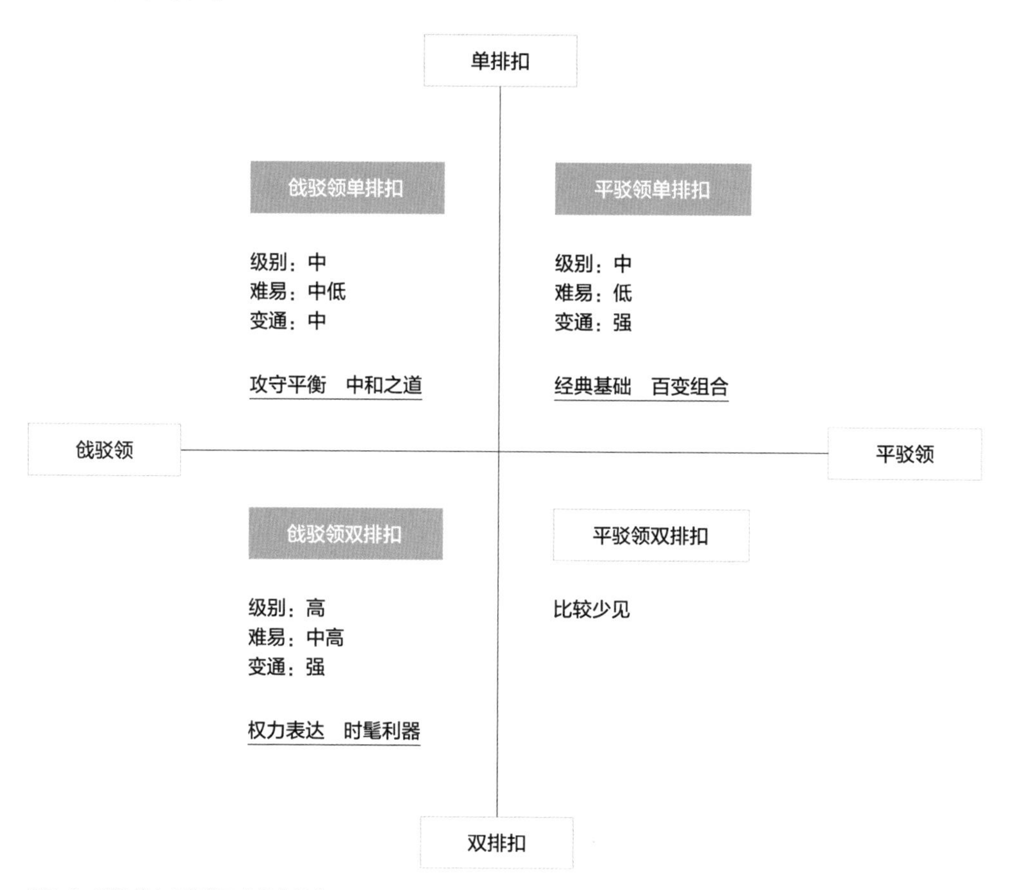

图3-6　西服核心元素的三大经典组合

上面这三种经典元素组合，它们的着装级别、造型掌控的难易程度和造型的变通性不同，可谓是各具特色。以此为基础，可以叠加变通，洞悉常见西服款式的样貌。

具体来看，以穿着方式、领型和纽扣排布这三个核心要素作为呈现西服款式的主要指标，再辅以马甲这个参考要素，可以总结归纳出常见的西服款式构成表（表3-1）。需要说明的是，在领型元素中，由于青果领主要应用于礼服，在日常的西服款式中较为少见，所以在表中没有专门列出。

表3-1　常见的西服款式构成

穿着方式	领型	纽扣排布	马甲
西服套装	戗驳领	双排扣	有，三件套
			无，两件套
		单排扣	有，三件套
			无，两件套
	平驳领	双排扣	有，三件套
		单排扣	无，两件套
单西	戗驳领	双排扣	配马甲
			无马甲
		单排扣	配马甲
			无马甲
	平驳领	单排扣	配马甲
			无马甲

下面，我们分别就西服套装和单西展开具体的介绍并辅以相关的示例。除了西服，绅装体系中还有配服、配饰和大衣，它们作为绅装衣橱的有机组成部分，也在后面进行逐一介绍和示例。

02 西服套装示例

西服是绅装的核心，前面从款式到细节，通过提纲挈领、化繁为简，帮助读者抓住西服的关键要素，把握西服的底层逻辑。下面从衣橱搭建的角度，分别就套装和单西，展开详细的讲解与示例。

经典百变：平驳领套装

平驳领单排扣属于西服套装的经典款，它简约大气，场合的适配性强，实用性高，适用人群广泛。如果是第一次尝试西服套装，平驳领可以说是首选建议，能够轻松入门，又不容易出错（图3-7、图3-8）。

事实上，很多人的西服入门，正是从平驳领单排扣套装开始的。他们可能是在大学里要参加辩论赛、学生会的活动，要作为代表上台发言；或是即将毕业，需要一套西装来应聘面试；再或者是参加各种典礼；要上台演讲、比赛、演出、出席高规格的会议、接受媒体的采访出镜……总之，人生中总有一些重要场合或是充满仪式感的场合，唤起了西服的需求。

而对于新手来说，在不同的西服款式中，平驳领单排扣套装最为友好。它不挑年纪和身材，基本上能够应对大多数的场合，既可在较为正式的商务场合，营造成熟稳重的感觉，也能在相对轻松的生活场景中，营造翩翩君子的风度。

相比较而言，图3-7的灰色套装更适合日常（还可进一步简

图3-7 灰色平驳领三件套

图3-8 深色平驳领单排扣套装

化为两件套）；而像图3-8这样的深色套装，更适合一些讲究仪式感的场合。所以，新手入门，可以根据个人需要做出选择。一般而言，深色套装是大多数人的首选，它比较容易驾驭，而且可以向下兼容，在仪式性场合之外，也可以穿着于日常场合。

作为入门款，平驳领单排扣套装貌似平淡无奇，但它比戗驳领更富于变化性。因为戗驳领自身的形式感比较强，尤其是双排扣戗驳领，本身已经很吸睛，所以在色彩、面料、搭配等方面，反而适合相对简单一些。而平驳领自身的样式中规中矩，因此，它在元素组合方面有更大的施展空间。

所以，就像饭店里厨师试菜，都是做家常菜，平驳领单排扣套装作为基础入门款，能很好地反映出穿着者的衣品和穿搭功力。对于新手来说，款式简单并非没有技术含量。比如，很多新手套装颜色选得太深，或是搭配比较刻板，容易显得拘谨。为此，在第五章穿搭技巧部分，还有一个延伸的专题讲解，避免工服效果：穿出质感与态度。

而在绅装玩家手上，平驳领套装经典百变，别有一番乐趣。以图3-9为例，这套平驳领单排扣三件套，如果是净色，就会显得比较保守，适合个性稳重的人穿着，或是出席一些比较严肃的日间商务活动。事实上，灰色西服套装也是职场中最基本的着装。只是如果每天都这样穿着，的确不免有些无聊，而图3-9在灰色套装的基础上，增添了窗格纹元素，一下子打破了灰色三件套的沉闷。

图3-9 灰色窗格纹平驳领三件套

整体来看，这套组合稳重大方，虽然有格纹，但是不会太跳脱。内搭的浅灰衬衫，加棕色暗纹领带、口袋巾，不但进一步打破灰色套装常见的内搭白衬衫、条纹领带的模板化穿搭，而且配色与面料相得益彰，平添一种书卷气质。

综合来看，平驳领单排扣套装是当之无愧的经典入门款，作为绅装衣橱的基础配置，它最为百变，可以大胆尝试，能够尽显经典西装的魅力。

攻守平衡：戗驳领单排扣套装

如果喜欢戗驳领，但是感觉个人的气场不够强，或者年轻没经验，尚未积累足够的阅历，觉得很难驾驭戗驳领双排扣套装，可以选择戗驳领单排扣套装，直接降低着装规格与造型难度。比较而言，戗驳领单排扣西服套装适合时尚睿智和内敛儒雅两种型格的男士，它兼具戗驳领的气势和单排扣的简洁现代，有一种攻守平衡的中和之道（图3–10）。

图3–10　米灰色戗驳领单排扣两件套

以图3–11为例，这套黑色戗驳领单排扣套装搭配了月白色衬衫和黑色窄版领带，不仅看上去专业严谨，而且和普通的平驳领职业套装在款式、配色和搭配细节方面都拉开了差距，看上去不会那么刻板，显得时尚有型。

而图3–12的戗驳领单排扣西服套装，也采取了深色的配色，如果是双排扣，这样的组合就是深色套装，会有礼服的隆重感。但是单排扣不会，它简洁大方，配上戗驳领的形式感，既不会过于张扬，又保留了个性特色，比较容易建立辨识度。

对比来看，图3–12这套学院蓝搭配灰蓝色衬衫和灰色领带，没有图3–11中的黑色套装组合那么干练时尚，相对更优雅沉稳。

图3–11　黑色戗驳领单排扣西服套装

图3–12　深色戗驳领单排扣西服套装

这两套对于新手来说，都没有太大的难度，想要尝试，可以直接复刻。

时髦利器：戗驳领双排扣套装

双排扣最初起源于英国海军的水手制服，从温莎公爵到菲利普亲王，它一直受到英国王室的喜爱。戗驳领自带礼服基因，不论是最早的礼服外套，还是燕尾服、晨礼服，这些出席正式场合的着装，都少不了戗驳领的身影。不仅具有仪式感，戗驳领自身的形式感也比较强，它与同样具有形式感的双排扣元素组合在一起，两个气场很强的要素叠加，使戗驳领双排扣套装成为常服中级别最高的样式。如果是黑色或深色，可以直接升级为标准礼服，即黑色套装或深色套装。

一般来说，戗驳领双排扣套装更适合稳重大气型的男性。双排扣有制服的气场和庄重感，戗驳领不仅有一定的仪式感，而且可以向上拉伸视觉。如果身居要职，担任高层管理者，在一些代表企业形象的场合，或是出席很重要的商业谈判时，可以选择戗驳领双排扣西服套装，增添王者气质。

如果选择更高调一些的颜色，例如比较亮的蓝色，则适合自信活力型的男性。它可以在万众瞩目的场合，增加主角光环，强化视觉焦点效果，助力穿着者成为当场的中心人物。

如果选择更沉稳的颜色，例如藏蓝，则适合时尚睿智型的男性，在诸如谈判、竞标等场合，可以用来增加穿着者的威严感和可信度。

至于年轻人，如果想在商务社交场合提升自己的气场，也可以选择戗驳领双排扣西服套装。如图3-13所示，不妨尝试以灰色来入门，一般来说，浅灰低调，谦逊可靠；深灰稳重，睿智专业。

灰色是稳妥保险的颜色，英国国王查尔斯三世，他平时最爱穿双排扣戗驳领的西服套装，灰色是他的首选，因为这个颜色是日间场合的标准配色，日常穿着不会显得过于隆重，有一种老派的英国绅士风度。

图3-13 灰色双排扣戗驳领套装

而在面料方面，戗驳领双排扣套装也可以选择竖条纹，像细条纹、粉笔条纹都是比较经典的。竖条纹可以中和双排扣戗驳领的气势，不会让它显得过于盛气凌人。

事实上，戗驳领双排扣套装的变通性很强，它既可以被视为权力的表达，成为出入各种高规格社交场合的通行证；又能作为时髦的利器，在街拍中一显身手。每年意大利佛罗伦萨男装展（Pitti Uomo）期间，都能看到不少时尚达人选择戗驳领双排扣的西服套装，他们不仅配色大胆，而且穿搭的手法也更加丰富灵活。用意大利时尚评论员朱塞佩·切卡雷利的说法，格子衬衫配双排扣戗驳领条纹套装是那不勒斯时尚的最佳示例。

与单排扣相比，双排扣的扣位更富于变化，通常有一些固定的样式，例如6×2样式（门襟处共有6粒纽扣，其中有2颗可以扣上，如图3-14所示）、4×1样式、4×2样式、8×3样式等。不过，无论哪种样式，双排扣一般在穿着时都要系扣，这一点，与单排扣有所不同。

综合来看，戗驳领双排扣套装既传统又时髦，富于线条感和造型感，所以它也是绅装玩家的心头好，能够很好地彰显个性与独特品位。当然，如果不想显得那么有个性，也可以从元素组合的角度，在色彩与面料方面进行一些降维处理，例如选择浅灰色，这样能让它变得相对低调而日常。

对于新手来说，戗驳领双排扣有一定的驾驭难度。特别是驳领的部分，高度、角度、宽度、弧度等因素会对整体造型有比较大的影响。而穿着者在体型、脸型等方面也存在着个体差异，所以，如果条件允许，定制的效果会更好一些。

图3-14 戗驳领双排扣西服套装6×2样式

03 单西示例

如前所述，单西与西服套装相对应，是单独穿着的西装上衣。根据它的搭配组合，单西可以分为布雷泽和西装夹克两类。比起套装，单西减弱了西服的正式感，增加了着装的自由度，有时通过巧妙的搭配，它有一种不是套装，胜似套装的效果。

独具魅力：布雷泽

布雷泽（Blazer）是一种形式特别的单西，它风格鲜明，在西装界独有一席之地。借用国内著名男装专家刘瑞璞教授的比喻，西服套装是“正餐”，布雷泽是“特色菜”，西装夹克是“小吃”。正餐一般情况是不会屈尊降贵的，小吃也不能登大雅之堂，只有特色菜既可以成为正餐的一道名菜，也可以穿行在小吃的餐桌上。

布雷泽的这种变通性，源于先天自带的两大基因：制服与运动。布雷泽有两种主要的形制，其中戗驳领双排扣的布雷泽，起源于水手制服。1837年，为了迎接维多利亚女王的访问，英国皇家海军开拓者号的舰长设计了一款制服，它采用海军蓝哔叽面料、双排扣，纽扣为黄铜材质，刻有皇家海军舰队的徽章。

这款水手制服受到英国王室的喜爱，伴随着有闲阶级的旅行、度假，逐渐得以推广。如今，在温布尔登网球公开赛这样的场合，依然能够在观众席看到这种传统的戗驳领双排扣布雷泽。通常，它的标准配置是金色纽扣的海军蓝上衣，配白色衬衫，系领带，搭配一条浅色卡其裤；如果换做灰色苏格兰细格裤，则升级为高阶的英国绅士穿搭。与一般的男装相比，布雷泽别样的元素组合：上深下浅的配色与独特的金属纽扣，不仅令人耳目一新，也为西装注入活力。

而平驳领单排扣布雷泽，最早可以追溯到19世纪末，牛津大学和剑桥大学在泰晤士河上举行划船比赛，选手们就穿着类似的制服。在美国，这种作为比赛制服而兴起于校园的布雷泽，通常配有队徽，采用贴袋、无衬里的样式，它颜色鲜艳，便于识别。今天，每逢国际重大体育赛事，例如在奥运会入场式中，很多国家的代表队依然会选择单排扣布雷泽。毕竟，在运动场上，套装显得过于严肃，而单西比起运动装，更具仪式感，所以在这种运动礼仪场合，单排扣布雷泽可谓是恰到好处。

无论是单排扣还是双排扣，独特的出身为布雷泽日后的场合切换提供了基础。相比较而言，制服基因倾向于统一、规范，这让布雷泽具备了适应职场的潜质；而运动基因则为它带来一股精英气质。于是，20世纪70年代以来，伴随着职场着装的休闲化，充满运动朝气又自带制服贵气的布雷泽趁势而起，从舒适的运动制服、精英的度假着装，反向渗透到职场，实现了从生活场合到商务场合的转换。

如今，作为可休闲亦可通行于职场的着装，布雷泽在经典之外，发展出一些其他的变通形式。例如，金色纽扣可以替换为其他材质的纽扣；贴袋或是有袋盖的口袋，以及嵌线袋，都是可以接受的。不变的是上深下浅的反差配色，这成为布雷泽独具一格的标识（图3-15）。

图3-15 独具特色的布雷泽：上深下浅的配色+金属纽扣

休闲百搭：西装夹克

西装夹克是单独穿着的西装上衣，它的搭配非常多样，应用也十分广泛。对于新手来说，西装夹克作为入门，比套装更容易上手，只是它在正式的社交场合中应用相对较少。作为基础款，平驳领西装夹克无论是内搭衬衫，还是T恤，毛衫还是POLO衫，都可以形成自己的风格，它甚至可以用来搭配帽衫，充分体现了一衣多穿的百搭特长。下面，结合一些具体的示例，来谈谈西装夹克的应用。

示例1 单西+衬衫

单西最常见的穿法，或许就是图3-16这种不系领带、搭配衬衫、解开1粒扣的组合。比起套装，这样的造型相对轻松舒适。而且格纹元素如果作为套装穿着，造型难度大大增加，而场合适应性却不一定比单西更高。所以新手入门，暂时先不用考虑格纹套装。如果从净色西服套装或单西进阶一步，可以先从格纹单西开始；如果能够驾驭自如，再入手高阶的格纹套装。

如图3-17所示，这款单西内搭的暗蓝色衬衫与西装上的格纹线条颜色相呼应，配以同色系口袋巾，下装搭配黑色长裤，有一种不是套装，胜似套装的效果，展现了单西的魅力。

比起标准的套装，此造型的配色比较讲究，通过运用大面积的深色，营造出沉稳的形象；而近似色的细节较套装更加丰富，也有一定的层次感。特别是衬衫，颜色虽深，但是选用了贝母扣，

图3-16 单西+衬衫：格纹单西

图3-17 单西+衬衫：格纹单西整体造型

在不系领带的情况下，贝母扣有如衬衫上的饰品，熠熠生辉，为整体造型增添了亮点。

示例2 单西+衬衫+领带（马甲）

西装夹克的整体风格比较休闲 ，但是它也可以搭配衬衫领带，甚至马甲，通过同色系穿搭，可以打造出一种不是套装，胜似套装的效果。

如图3–18所示，这款咖色条纹单西，保持了布雷泽的深浅反差配色原则，但是同色系的上深下浅，反差没有那么强。

从整套造型的搭配来看，浅卡其色衬衫、大地色细条绒长裤，再到咖色印花领带，脚下一双深浅棕拼色的皮鞋，棕黄色马甲露出一点点亮色，整体搭配一气呵成。同色系的感觉大于反差感，虽然不是套装，却有整体感，又比套装多了几分层次性。

图3–18 咖色条纹单西：同色系穿搭

示例3 单西+POLO衫

春夏时节，除了单西+衬衫，还可以选择图3–19的单西+POLO衫组合。沙滩白人字纹单西，搭配岩浆灰长裤，内搭灰褐色细绞花POLO衫。这样的造型，配色和谐雅致，有种气定神闲的落落大方，适合一些轻松办公与生活休闲的场合。

示例4 单西+衬衫+毛衫

作为秋冬季入门，以图3–16为基础，在深色格纹毛呢单西与衬衫的中间加上保暖的毛衫，可以抵御寒冷，兼顾温度与风度（图3–20）。

比较而言，此款毛衫选择了保守安全的灰色，款式也极其简单，没有复杂的针织工艺和图案装饰，整个造型稳重、得体。如果稍作调整，还可以将衬衫的领子外翻出毛衫的领口。

图3–19 单西+POLO衫：轻松办公，生活休闲

图3-20 单西+衬衫+毛衫

其实，越是干净利落，越符合大多数人对职场着装的期待：干练、可靠。而口袋巾与内搭衬衫的色彩呼应，让这个理性基调的造型，多了一份感性的细节。

示例5 单西+毛衫

去掉衬衫之后，“单西+毛衫”的组合，搭配难度反而增加了，所以不妨试试高领毛衫。从图3-21这个造型来看，格纹花呢自带英伦气质，内搭的拼色高领毛衫具有很好的保暖性能。绞花部分的大地色系提亮整个造型，而下半部分的灰色则与格纹花呢的底色相呼应。

作为单西，这款造型搭配了深咖色长裤，这个颜色与格纹中的线条颜色相呼应，再搭配同色系的呢帽，可以提升整个造型的完整性。

这样的造型，出入秋冬季的日常办公场合，只要不是严谨着装的行业，大多不会产生违和感。而代入各种生活场合，无论是在咖啡馆小坐，还是逛街看展，文艺气息扑面而来，配合秋冬的街景，充满故事感的时尚大片呼之欲出。

以上通过五款造型对西装夹克的应用进行了一些示例，总体来看，它适合的人群非常广泛，较之套装，搭配也更为灵活多变，领带的选择比较自由，可系可不系；前襟可敞怀亦可系扣；风格方面也是可传统、可新潮，但整体还是偏向休闲。所以，西装夹克不适用于正式场合与严肃职场，但它依然具有很强的实穿性，可以应用于轻商务场合以及各种生活情境。

图3-21 灰色格纹单西+高领毛衫

04

其他常见的绅装品类

绅装以西服为核心，但是远不止于西服。通过前面对西服套装与单西的示例也可以看到，西服是主服，但是完成一套造型还需要配服与配饰。所以，这部分从西服最常见的搭配：衬衫和领带入手，再选取大衣（外套）、短袖衬衫、POLO衫这样一些常见品类，对它们分别展开介绍。

衬衫

衬衫是西服的最佳搭档。一般来说，很多人的西服配置以基本款为主，数量有限，贵精不贵多。所以，衣橱建设的主要方向，是增加衬衫和领带的配置。这样做，一方面可以丰富西装的变化组合；另一方面，春夏时节，衬衫可以单独穿着。这一点，对于绅装的门外汉，那些还处在观望期的人而言，如果暂时还没入手西服，可以先从衬衫和西裤的组合开始。下面就是常见的一些衬衫示例。

净色衬衫

净色又叫素色、纯色，顾名思义，就是没有任何图案、花纹，清一色，很单纯。净色衬衫干净利落，可以单穿，也可搭配西服，是必备的基础款，也是新手的入门款。而且从着装级别来看，净色是规格最高的衬衫。所以，无论是从衬衫+西裤的组合开始接触绅装，还是搭配第一套西服，都是首选净色衬衫。如图3-22所示，浅蓝色、白色、浅灰色是常见的净色衬衫配色，它们基本不挑人，比较容易上手。

仔细看，这组净色衬衫也有微妙的变化。例如，左边的浅蓝色仿佛加了一点点奶油，显肤色又减龄；中间的白色也不是纯白，带了一点灰调，更加柔和；右边的浅灰色，加了一点点蓝调，更清透。所以，把净色衬衫穿出高级感，是培养绅装品位，锻炼穿搭能力的入门功课。

图3-22 净色衬衫：必备基础款

暗条格衬衫

与净色衬衫低调柔和的风格相比，条格衬衫会更显眼一点，所以如果作为西装的内搭，尽量选择图3-23中这样比较低调的暗条格衬衫，这样既有肌理层次，又不会杂乱。

从着装规格来说，条纹衬衫和格纹衬衫，比净色的等级低一些，但是细条格比大格纹、粗条纹的规格等级高。所以，图3-23中这些相对低调内敛的条格，能够为着装增添一点变化，又接近净色的着装效果，可以用来丰富、调节造型。

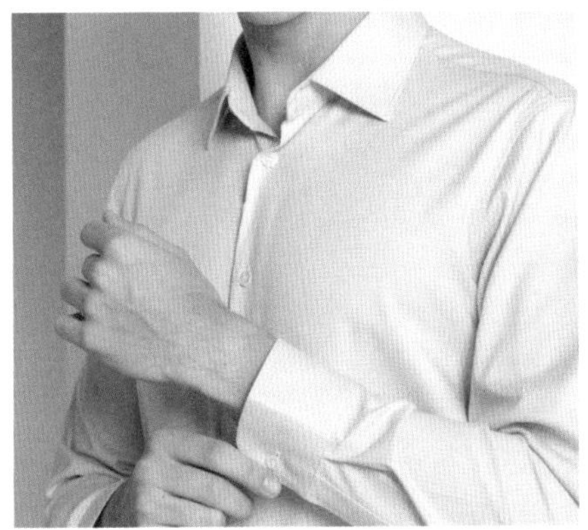

图3-23 暗条格衬衫

明条格衬衫

通常，西装内搭的衬衫应尽量简洁，如果有比较明显的条格图案，不太容易搭配领带。但是，条纹本身代表思路清晰，所以在一些可以不系领带的场合，将条纹衬衫做内搭，解开领扣，可以帮助穿着者建立理性可信的形象。

当然，条格衬衫不是绝对不能搭配西装领带，只是它们搭配起来，比起前面的净色衬衫和暗条格衬衫，难度更高，一般人不太好驾驭。但是，如果单独穿着，它们反而很容易上手（图3-24）。

图3-24 明条格衬衫

一般来说，格纹的级别低于条纹，图3-24中右边这款是格纹长袖衬衫，为了保持着装的级别，搭配了西裤。而左边这款条纹衬衫，则搭配了牛仔裤。其实，绅装是男装的经典，并不拒绝牛仔裤，但是不能有磨毛、破洞这些潮流元素，最好是像图中这样，黑色或深色的牛仔裤。

领带

追溯起来，领带起源于防寒的需求，早期它是一种类似围巾的长布条，需要折叠，在颈间缠绕、打结。发展到17世纪，由于它的系法比较复杂，而且采用刺绣、蕾丝等进行装饰，所以，在当时，关于如何系好这个带子，就已经成为评价贵族男子高雅与否的标准之一。甚至后来，还出现了很多介绍领带系法的教科书。

而在第一章曾经提到的，被后世奉为现代绅装理念奠基人的布鲁梅尔，也曾因醉心研究并且擅长系领带而著称。所以，尽管领带发展进化到今天，它的式样已经有了很大的变化，但是它作为西方男士权力与文明的象征，地位远高于其他配饰。

很多人觉得打领带意味着正式，这其实是一种误解。一方面，领带不是最高规格的。第一礼服的标准配置，晚礼服搭配白领结，晨礼服搭配阿斯克领巾；在正式礼服的标准配置中，无尾礼服（塔士多）搭配黑领结。这些高规格的场合都是以领结和领巾为主，相比而言，领带的正式程度并不高。

另一方面，在很多场合，西装的搭配，领带确实是必选项，这是一种着装规则。但是，这并不意味着领带只有礼仪功能，没有休闲属性。事实上，领带虽小，它的花色图案却大有讲究。不同颜色、图案、质地的领带，可以带来不同的风格感受，领带也是可商务可休闲，可传统可时尚。所以，下面重点介绍一下领带的级别规则与搭配。

最高级别：纯色领带

在西方，银灰色领带最为常见，它是晨礼服、董事套装这类日间礼服的固定搭配；它也频繁出现在日间礼仪性活动、公务活动和商务活动的西装搭配中。

而黑色则是纯色中的最高级，本来它的场合应用比较特殊，主要是葬礼、告别仪式。像英国女王伊丽莎白二世去世，英国的黑色领带直接脱销。但是，现在这种场合限定已经减弱了，有时候，人们选用黑色领带来替代黑色领结；而有时候，人们选用黑领带，特别是明星走红毯，不是出于场合的需求，而是追求一些风格化的造型。

除了银色，蓝色也是纯色领带的常用色，它庄重大方，气场很强。而红色领带在中国也比较常见，像国家领导人逢年过节或是出访海外，经常会选择低饱和度的红色领带，喜庆又不扎眼。

中高级别：斜条纹

斜条纹领带是商务场合的主力，一般来说，细条纹领带给人一种精明能干的气质，而粗条纹领带给人一种踏实可靠的信赖感。值得一提的是，斜纹的方向，英美是不同的：英式领带从左上向右下斜，而美式领带则从右上向左下斜。

中级别：规则图案

严格来说，条纹也是一种规则图案，只是应用较多，所以被单独提取出来。而其他常见的规则图案主要包括：格纹、几何图案、波点、小花等（图3–25）。

规则图案有一种秩序感，但是相对而言，力量感比斜条纹弱一些，特别是波点、小碎花，更轻松休闲。

中低级别：不规则图案

其实就是比较大的图案，它本身是有规则的，只是领带面积比较小，所以从面上可能看不到重复，会被认为是不规则图案。其中比较有代表性的，如佩斯利花纹（Paisley），历史悠久，也是领带中的常见元素。

低级别：具象图案

主要是一些来自生活、自然界中的真实事物，被转化成领带的图案。从礼仪的角度来看，这种具象图案的领带比较休闲，规格级别是最低的。

以上主要介绍了领带的图案，其实它还有面料质地和宽窄之分。例如，庄重的场合佩戴缎面或羊毛类的领带，深色或条纹图案最佳；而休闲聚会的场合可以佩戴针织或花色较为艳丽的领带以凸显个性。至于领带的宽窄，则要根据领型和脸型来选择，不要反差过大。说到底，领带既是画

图3–25 领带的图案

龙点睛之笔，也要融入西装，与整体造型保持和谐匹配。

大衣/外套

我国幅员辽阔，南北温差大，不过多数地区，秋冬季都需要配置外套或大衣，不能只凭一套西装过冬。毕竟，无论是拜访客户，还是出席商务聚会，迎来送往，社交不可能只局限在室内。

当然，前面也介绍过在西装内搭配毛衫的穿法，或者人们也可以在西装外面配棉服、羽绒服来解决保暖问题，但是说到兼顾风度与温度，大衣是秋冬绅装的不二之选。

大衣（Coat，又译为外套）在英语中，是最早出现的服装类别之一。这个词从中世纪开始沿用至今，积淀了深厚的历史，形成了一些经典的样式，下面先重点介绍绅装体系中比较有代表性的四款大衣。

柴斯特菲尔德大衣（Chesterfield Coat）

图3-26　柴斯特菲尔德大衣：第一礼服外套

这款诞生于19世纪50年代的长款外套，因柴斯特菲尔德伯爵四世（Earl of Chesterfield）首先穿着而得名，一百多年来，它被视为第一礼服外套（图3-26）。

虽然是大衣，但是柴斯特菲尔德的形制更接近西装，戗驳领有很强的仪式感，所以它的规格级别在外套中是最高的。通常，在一些重要的户外礼仪场合都会看到它的身影。

巴尔玛肯外套（Balmacaan Coat）

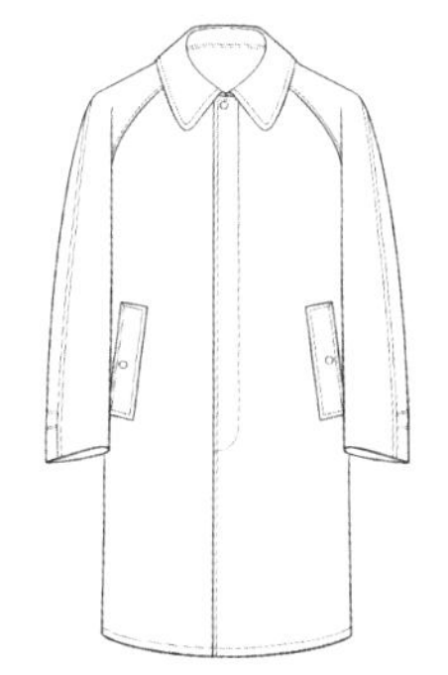
图3-27　巴尔玛肯外套：造型简洁，舒适大方

这是一款比较实用的大衣，注重功能性，又被称为全天候外套（图3-27）。它源自苏格兰的巴尔玛肯地区，当地的绅士们普遍穿着雨衣外套，巴尔玛肯的名字和形制就此演变而来。

从款式上来看，巴尔玛肯外套采用插肩袖、暗门襟、斜插袋的设计，造型简洁，舒适大方，实用性强。

波鲁外套（Polo Coat，又译为马球外套）

波鲁外套源自马球运动员中场休息时所穿的一种宽松外套

（图3-28）。20世纪20年代，英国马球运动员受邀到美国参加比赛，他们穿着的外套被美国人模仿，并由此受到了世界范围内年轻人的追捧。

相比较而言，波鲁外套带有美式休闲风格，它低调务实，搭配范围比较广，适用于正式和非正式的公务、商务场合与休闲情境，可以被视为柴斯特菲尔德大衣的替代版。

图3-28 波鲁外套：应用广泛，低调务实

堑壕外套（Trench Coat）

堑壕外套一战成名，它以英军在第一次世界大战期间的野战服为原型，采用了当时的创新面料，防水透气，防皱防撕裂，具有很强的功能性。

从样式来看，堑壕外套加入了很多军装元素（图3-29）。虽然经过一百多年，这些元素的功能已经逐渐失去了作用，但是它们的形制依然得以保留，并由此成为经典。

图3-29 堑壕外套：经典风衣，功能性强

堑壕外套基本上属于风衣的性质，它的经典配色是驼色，场合适应性比较强，可以被称为全天候外套。

以上四款经典外套，总结起来，柴斯特菲德尔大衣与波鲁外套是一类，双排扣戗驳领，前者注重版型，着装规格级别高，后者偏宽松休闲。而巴尔玛肯外套和堑壕外套是另一类，它们注重功能性，前者造型简洁，后者带有军装风，是升级版。

从着装配置的角度来看，自信活力型适合堑壕外套，因为它在四种外套里最帅气有型；而时尚睿智型适合柴斯特菲尔德大衣，理性严谨又充满社交的仪式感；儒雅内敛型适合巴尔玛肯外套，实用低调；稳重大气型适合波鲁外套，舒适宽松，应用广泛。

当然，选择什么样的大衣，不只是型格，更重要的是场合，这要视个人的具体情况而定。如果是身处多风多雨地区，注重功能性，可以选择堑壕外套；如果觉得堑壕外套的军装风格形式感太强，不想那么高调，可以选择更加朴实的巴尔玛肯外套；如果所在行业、企业的着装要求比较高，可以配置柴斯特菲尔德大衣；如果着装要求不高，相对随意，可以选择柴斯特菲尔德大衣的简版：波鲁外套。

另外，对于中国男士而言，这四种经典外套都是中长款，而

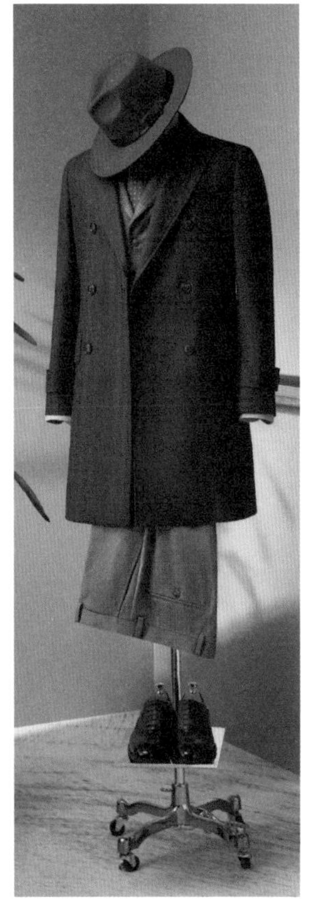

图3-30　大衣/外套参考样式

中国男士选择外套，往往偏向于中短款。所以，各位读者不用照着四种大衣款式按图索骥，本书介绍国际经典款的目的是进一步厘清大衣的着装要点，领会绅装的文化与精神。至于配置，各位读者可以根据自己的实际情况来选择，下面也推荐一些可供参考的样式。

在图3-30中，右侧这套短版的柴斯特菲尔德大衣，稳重大气；左侧这套是格纹花呢波鲁外套，宽松舒适，内搭西装三件套。

综合来看，大衣或外套的配置原则与西服套装基本一致：深色为主，内外和上下的搭配讲求整体和谐，避免过强的反差感。

除了穿在西服外面，大衣或外套的搭配也可以变得更加灵活。在图3-31中，左侧和中间两款外套，接近西服的样式，简洁收身，突出了短款的精干。其中，左侧这件是穿在西服之外，而中间这套则利用大衣的保暖性，替换了西服，直接在里面搭配衬衫和领带，看起来更加利落，不会因为大衣里面穿得太多而显得臃肿。

图3-31　大衣或外套的搭配参考

而右侧这件堑壕外套，没有选用经典的驼色，换成了黑色，既增加新鲜感，也更显严肃，所以这件风衣也没有配西服，而是在外套里面直接搭配衬衫、领带。这样的穿法适用于比较正式的户外场合，基本上活动主场都在室外，不用进入室内。

短袖衬衫

有人说短袖衬衫是中国特色，其实西方人也穿短袖衬衫，只是整体偏休闲风，例如短袖内搭T恤，度假风的印花短袖，或是机能风、工装风的短袖。而在商务场合，单独穿着的衬衫一般都是长袖。如果要走出空调房间，进入炎热的户外，也可以适当将衬衫的袖子挽起，所以，短袖衬衫本来不适合严肃的商务场合。

但是，各地气候不同，像绅装发源地英国，属于温带海洋性气候，伦敦的夏季温度，白天平均在20℃，偶有30℃以上就是高温。而国内的情况不同，很多地方夏季气温持续在30℃以上，比较炎热。而且，由于国内提倡节能环保，国家对于公共建筑的空调温度有最低的控制标准，不像国外很多地方，冷气开得足，温度比较低。所以短袖衬衫在国内具有实用性，在一些商务场合，穿着短袖衬衫也是可以接受的。

作为衬衫+西裤组合的简配版，短袖衬衫+西裤或休闲裤的组合，搭配原则基本不变。只是，短袖衬衫通透凉爽，能营造更为年轻的形象，同时它也有一些自己的特色。

首先，短袖衬衫并不是在普通长袖衬衫的基础上直接将袖子裁短，所以净色的浅色衬衫，长袖好穿好搭，但是短袖却容易拉低时尚度和质感，尤其是白色，要尽量避免穿白色的短袖衬衫。当然，夏季本身不适合太深的颜色，短袖衬衫肯定还是以浅色为主，但是比起长袖衬衫，短袖的饱和度要高一些。可以从图3-32中的淡蓝、雾蓝、冰川灰入门，如果是比较浅的颜色，可以像淡蓝色这款，带有暗格纹，增加一些比较低调的面料肌理效果。

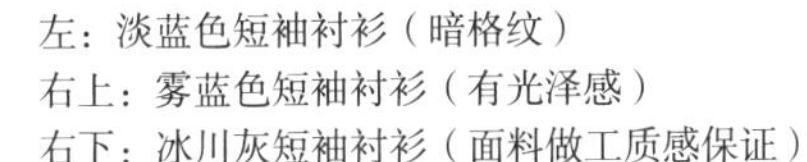

左：淡蓝色短袖衬衫（暗格纹）
右上：雾蓝色短袖衬衫（有光泽感）
右下：冰川灰短袖衬衫（面料做工质感保证）

图3-32 短袖衬衫：色彩

其次，短袖衬衫本身的规格级别不高，所以更要注重面料和做工，保持挺括感。建议选择高支数棉质面料，或者一些高科技的创新面料，这样才能保证规格减配，不减体面，洗涤维护起来也更为简便。

最后，短袖衬衫大多单独穿着，它的精髓是干练年轻感，因此在图案方面，比长袖有更多的选择。建议可以尝试图3-33中的条纹图案，增加质感和亮点。

一般来说，条纹是理性的象征，代表做事有条理、逻辑清晰，所以净色之外，条纹比格纹的规格更高一些，可以在短袖衬衫中多加尝试。像图3-33中的条纹短袖衬衫，搭配深色西裤、休闲裤、卡其裤，打破沉闷感，轻便实穿，舒适减龄，可以应对多数人的夏季日常办公场合。

条纹有条纹的节奏，格纹有格纹的活泼，格纹相对条纹更为休闲，但是对于短袖衬衫来说，只要选对图案，格纹也可以穿出绅士范儿。其中的要点，就是尽量控制元素，避免花哨。像图3-34中的四款短袖格纹衬衫，都是比较淡雅的莫兰迪色系，搭配的长裤也都是简约的黑灰。而右下这款是著名的苏格兰格纹（Tartan）。苏格兰格纹原本是很有贵族气质又有时尚度的元素，但是近年来，它却成为“程序员风格”的代名词。如果想要避开程序员格子衬衫的感觉，可以参考图中的这款配色，上身效果比较清新。

其实格纹中还有一些，像工整、密集的维希格（Vichy，又称Gingham Plaid）和棋盘格（Checkerboard），但是这两种格纹的难度系数较高，不适合新手入门。相比较而言，格纹适合偏瘦体型的人，而竖条纹适合偏胖体型的人，特别是宽松的竖条纹，显瘦效果比较好。

综合来看，条纹和格纹是绅装领域反复玩味的经典元素，它们充满变化，为短袖衬衫带来了新鲜感，也增添了夏日着装的乐趣。

图3-33 短袖衬衫：条纹图案

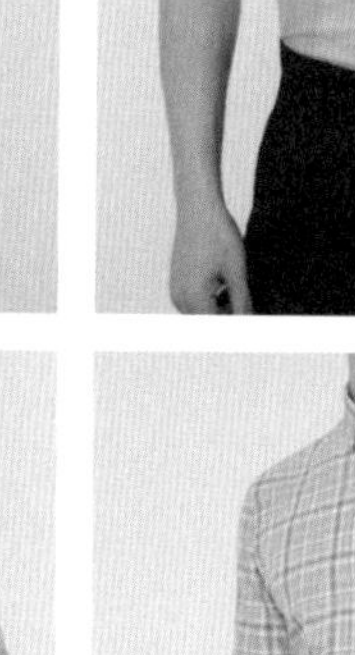

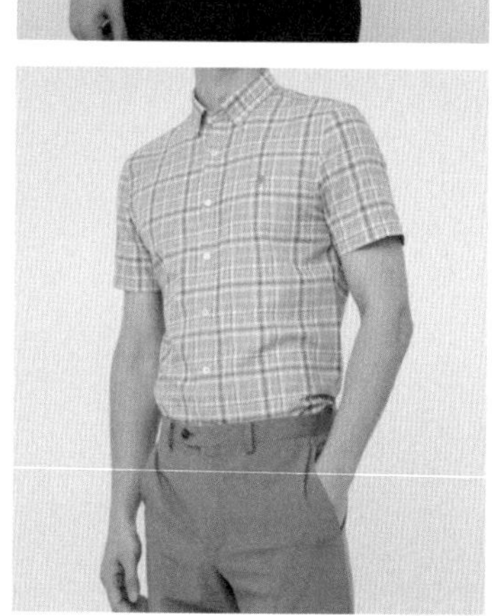
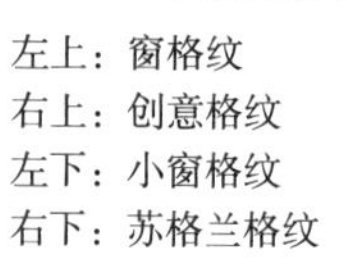

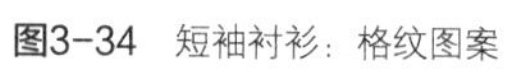

图3-34 短袖衬衫：格纹图案

POLO衫

可能看到POLO衫，有人会疑问，它也算绅装吗？事实上，它不仅算，而且还地道。POLO衫与马球运动有着不解之缘，英文POLO一词就是马球的意思。作为曾经风靡欧洲的绅士运动项目，到今天，英国的马球比赛依然是盛大的社交活动，有观赛的着装规则，有时还会看到观众中有坚持穿着晨礼服出席的场景。

而现代POLO衫从马球运动服中汲取灵感，几经改良，提升了便利性与舒适度。它从网球场延伸到高尔夫球比赛，一直都是精英阶层的身份象征。直到美国设计师以它为灵感，推出了美式休闲风的T恤，POLO衫才走出运动装的局限，走入大众生活。

比较而言，POLO比衬衫富于弹性，更为舒适，又比普通的圆领T恤衫多了几分体面。作为休闲服历史上极具传奇的经典之一，它具备了在商务场合与生活场合切换的条件。当然，它并不适合正式的场合，但是POLO衫可以出现在一些商务休闲场合，例如，非工作时间的商业会晤，或是轻松办公的便装日（Causal Friday）。

正如前面所说，进入夏季，保持绅士风度的标准也随着季节变化有所调整，而不变的，是绅装的体面原则。所以和短袖衬衫一样，POLO衫要想穿出绅装范儿，一方面是尽量保持简洁；另一方面也要注重面料和做工。随着技术的进步，现在一些弹性面料也可以拥有很好的光泽和质感。

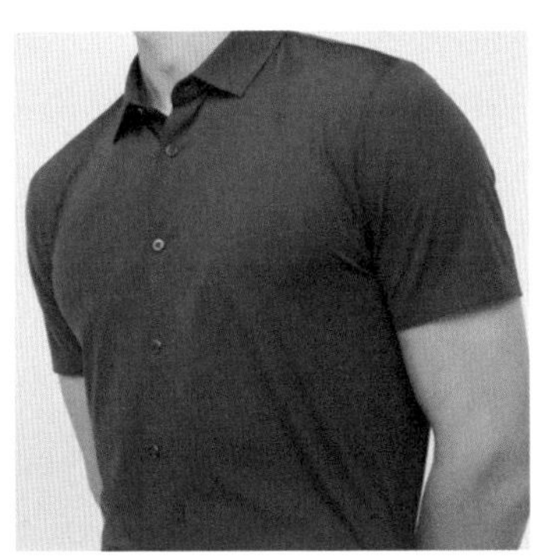

图3-35 纯色POLO衫

通常，在商务场合选择POLO衫，要注意元素的控制，如图3-35所示，以净色为主，尽量减少不必要的装饰。

如果想要打破纯色的沉闷，添加一点装饰性的元素，如图3-36所示，可以在领口和袖口的边缘加一些比较克制的装饰线条。而下装则可以搭配深色、卡其色休闲裤，以适用于轻松办公、商务休闲场合。

图3-36 花色POLO衫：只加一点装饰线条

而像图3-37中的POLO衫，左边这款和上图相似，虽然是花色POLO衫，但是没有浓烈的色彩、满铺的图案，只在领边、袖口处加了装饰线条，搭配深卡其色休闲裤，看起来简洁优雅，营造出一种美式休闲范儿。

而右边这款纯色POLO衫，搭配了牛仔裤，美式休闲风格更为突出。前面曾经提到过牛仔裤，其实，绅装是全场景的着装解决方案，它吸收男装的经典，并不拒绝POLO衫、牛仔裤这样一些休闲服饰，但是它讲究着装的态度。并不是所有的牛仔裤和POLO衫都能被纳入绅装体系，牛仔裤要选基础款，配色主要是黑色或深色和蓝色，POLO衫的款式也要保持简洁大方，只有低调内敛，才能抵得住潮流的变化，成就真正的经典。

图3-37 POLO衫：美式休闲风

05 绅装衣橱建议

前面结合实例，分门别类对绅装体系进行了介绍，本章的最后，从衣橱搭建的角度，讲解置装的基本原则，进而提供一些具体的建议。

置装=投资：基本款为主

首先，要用投资的眼光来看待男人的衣橱。对于多数人来说，置装不只是生活消费，也有生产性支出，要满足各种工作需求。而从衣橱的角度来看，置装不只是消费和支出，更是对个人形象的一种投资。

置装=投资，这个基本理念，落实到衣橱搭建，首要的原则是注重日常。这可能和很多人的想法不太一样，因为大家一般习惯在重要场合配置昂贵的衣装。但是这种场合大多是低频需求，重金购入的服装，多数情况下只穿过一两次就被束之高阁，甚至有可能因为身材变化，再也穿不下，只能闲置。如果经济条件比较好，就算留念收藏也无所谓。如果置装预算有限，就要改变思路，学会“把钱花在刀刃上”。

以投资的眼光来看待置装，减少浪费，提升衣橱的利用效率，就要以基本款构筑衣橱主体，注重实穿性，这也符合当下可持续时尚的消费理念。为此，可以视场合需求与个人偏好情况，配置60%~70%的基本款。

无论正装还是休闲装，先有基本款、基础色，再追求流行与变化，考虑特殊场合的需求。所谓基本款也叫经典款，之所以经典，是因为它能穿越时间周期，所以入手不亏。而且，不要担心基本款会千篇一律、缺乏个性，只有最基本、最简单的款式才是最容易实现自由搭配、随意组合的。穿好基本款，不仅能照顾到场合需求，还可以展现搭配功力，让创新和亮点更加突出。

稳中有变 平衡协调

用投资管理的思路来审视男士的衣橱，需要把握的第二个原则，就是稳中有变、平衡协调。男装不像女装那样追求变化，最典型的例子，就是英国前女王伊丽莎白二世夫妇。每次亮相，女王都是百变的彩虹穿搭，连帽子都不断翻新花样，而她身旁的菲利普亲王，始终以一些基本款和经典配色保持稳定的形象。

为此，在《绅士：永恒的时尚导读》（*Gentleman: A Timeless Fashion*）一书中，作者波恩哈德·鲁特泽尔（Bernhard Roetzel）甚至认为，关于男士的经典时尚，需要更新的信息很少，在购置衣物时需要遵循的原则也几乎没有改变。

这并非顽固守旧，而是由男装的属性决定的。无论政坛还是商界，社会整体崇尚规则秩序，谁也不希望朝令夕改，都在寻求持续平稳的发展。所以，即使20世纪70年代以来，运动休闲风日益普及，在一些重要场合，绅装依然发挥着无可替代的作用。至于中性风、街头风，虽然被时尚界热捧，受到部分潮流人士的喜爱，但是这些属于小众流行，各领风骚三五年。

正所谓大浪淘沙，只有经典才会传承不息。但是经典并不是古板，它也可以时尚，以图3-38为例，这套平驳领三件套，选用了经典的木炭灰色，端庄儒雅，很有绅士风度，搭配了暗条纹的白色衬衫和灰色领结、口袋巾，有种低调的华丽。如果脚下是搭配正装的牛津鞋、德比鞋，穿着高度到小腿的深色袜子，整个造型就是一套比较高规格的日间礼服形式。但是，现在搭配了一双橄榄棕的乐福鞋，露出了整个脚踝，一下子就从原本的严肃变得时髦起来。

图3-38 经典也时尚：木炭灰三件套搭配乐福鞋

经典也时尚，这是因为绅装代表着主流审美，百余年来，社会加速变化，但是绅装并没有出现颠覆性的变革，始终保持着稳定的样貌。同时，传统和规矩不是束缚的枷锁，经典的样式得以保留，而个性、创新与时代特色依然有它们的表达空间。只是，这种表达通常不会那么直白，它可能是色彩的变化，面料的选择，或者是搭配的调整。所谓稳中有变，就是无须追求大开大合的变化，传递个性却不令人感到唐突，这才是绅装审美的根本。对于多数男人而言，着装既要追求体面，又要讲求务实。无论工作还是生活，整体要打造诚信可靠的形象，不能太跳脱、夸张。所以，绅装衣橱的构建，也是先有后好，先中规中矩，再时尚进阶。如果要改造，除非真的一无是处，否则无须对衣橱进行大“换血”，可以逐步升级，边建设，边淘换。

理性配置衣橱，也要遵循平衡协调的原则。其实，在选购服装时，男性通常较女性更为理性，不容易一时冲动“剁手”。但是，整体而言，服装是一种感性的产品，不能完全凭理性来做选择，所以要平衡好理性与感性。

每个人的型格不同，内敛儒雅的人，相对低调，不太喜欢引人注意；而自信活力的人，注重着装，喜欢特立独行，凸显自我。前者的衣橱构建，以日常基本款为主，重点是如何更好地实现一衣多穿，给既有的服装增加亮点和变化。而后者往往会挑战一些有难度的款式、色彩，在置装时，要考虑实穿性，预设好穿着场合以及拟购服装与衣橱中既有服饰的组合，提高单品利用率。

打造绅装衣橱

很多专家、形象设计师会给出所谓的置装建议。但其实，每个人的行业、职业不同，生活方式与场合情境各异，经济水平参差不一，所以很难给出一个标准化的建议。在此，尝试对不同的用户，进行分类建议。

入门用户

最初级的入门用户可以从衬衫，甚至短袖衬衫、POLO衫这类单品入手；如果准备购置西服，也可以考虑西装夹克，尝试一些单西的组合搭配。

如果需要购买套装，简洁的平驳领单排扣两件套是最基本的入门款（图3-39）。通常，首选深色，标准搭配是净色衬衫（白色或浅色）+蓝色斜条纹领带。对于入门用户来说，深色基础套装的组合可以适用于绝大多数的商务与社交场合，尤其是晚间场合。作为入门，也可以多准备一些衬衫和领带，进行搭配变化。

如果有条件，建议入门用户在深色套装之外，再配置一套灰色系的基础套装，以此区分日间和晚间（图3-40）。如果想提升气场，灰色还可以考虑戗驳领单排扣套装的样式，不仅适合日间

图3-39　经典基础款：平驳领单排扣两件套

图3-40　通过蓝色系和灰色系的颜色深浅变化实现常规配置

场合，而且灰色儒雅百搭，可以中和掉戗驳领的气场，是入门用户尝试戗驳领的友好选择。

职业用户

职业用户不像入门用户的浅尝初试，他们大多由于工作原因，需要经常穿着绅装，只是有些人对于着装的兴趣不大，日复一日，缺少变化，也谈不上品位。所以，基本上，前面对于入门用户的建议，也都适用于职业用户，只是他们需要增加数量和品种，进一步提升自己的衣品和穿搭能力，提高绅装的利用率。

具体来看职业用户的衣橱建议，重点是西服套装。通常，如果一周五天都要穿西装，职业用户需要多备几套来轮换。因为西装，尤其是毛料西装，是需要“休息”的，这样有利于版型的恢复和保持，如果一套西装连续反复穿，穿坏了再换，其实更“费”西装。

从西服的款式和配色来看，职业用户的着装要与工作环境、共事的人群相匹配，整体偏向保守，很多人是求稳心态，不想花太多的心思，不做什么突破和创新，主打安全。因此，给出的基本配置建议是：三套深色（两套平驳领单排扣两件套、一套戗驳领单排扣三件套）和两套灰色（一套平驳领单排扣两件套、一套戗驳领单排扣三件套）。最好不要完全一样的颜色，可以用深浅程度的差异来完成量的配置。如深色可以选择黑色系和蓝色系，比较常见的有藏青、深蓝、蓝黑；而灰色套装的颜色选择，可以考虑中灰、深灰、木炭灰。这样的配置，基本上可以解决工作所需，适应不同级别的场合需求（图3-40）。

如果想要提升衣品，实现更好的着装效果，除了可以像入门用户一样，进行领带和衬衫搭配的变化，职业用户还可以轻松往前多走一步，尝试条纹西装，从最基础的细条纹、铅笔条纹开始。如图3-41所示，条纹是打破纯色的沉闷、焕新职场着装的不二法宝。

其实，条纹不仅可以调节着装风格，它自身也是严谨的象征。有一种说法，认为条纹面料的设计灵感来自财务、会计记账簿中的线条。也有人发现，连续或点状的条纹最早用于搭配晨礼服的

图3-41 灰色条纹西服套装

长裤。这种条纹长裤在20世纪初很受英伦地区的欢迎。所以，条纹图案成了严谨气质与英伦风范的代表。

在《风格法则》（*The Law of Style*）一书中，美国时装设计师协会（CFDA）理事道格拉斯·汉德（Douglas Hand）为职业人士提供了一个“基本款四大件”的清单。汉德本人也是律师，在他的清单中，有三件都是条纹面料。

- **灰色法兰绒**：灰色精纺羊毛套装，从中灰到深灰都可以，简单百搭，适合各种商务场合，穿着频率最高。
- **深蓝色条纹**：深蓝色条纹精纺面料套装，颜色比中灰色更深，可以适合晚间社交和比较隆重一些的商务场合。
- **木炭细条纹**：深灰色条纹，以保守而著称，是很多金融行业人士的最爱。需要注意的是，最好搭配黑色皮鞋和腰带，避免棕色，因为棕色搭配灰色条纹显得有点凌乱。
- **藏青色细条纹**：藏青色密织精纺羊毛西服套装，比起其他颜色，藏青色不受细条纹的限制，比较百搭，在商务和非商务场合，都游刃有余。

为何条纹如此受宠？分析起来，因为它低调含蓄，尤其是深色细条纹套装，远观几乎等于深色套装，而近距离交流又能感受到不一样的细节。所以条纹不仅丰富了套装的质感，增加了肌理效果，而且凭借专业的形象，广泛受到职场人士的认可。

此外，对于长期穿平驳领套装的职场人士而言，还可以尝试戗驳领单排扣套装，增加变化，提升气场。推荐深色戗驳领套装，可以参考图3-12、图3-13的造型，可优雅沉稳，也可时尚有型。

除了戗驳领、经典条纹的尝试，对于职业用户来说，如果经济条件允许，还可以考虑定制西服。就像平时吃工作餐，一年忙到头，年夜饭吃顿大餐一样，穿了这么多工服一样的西装，是时候来体验一下定制。

西装定制分为全定制（Bespoke）和半定制（Made-to-Measure）。全定制的鼻祖是英国的萨维尔街（Savile Row），全世界的客户都要飞到伦敦去量体裁衣，再经过试穿调整，价格昂贵且费时费力。所以，一般所谓的定制，都是半定制，是在既有版型之上，根据一对一的量体数据，对版型进行调整，以此作为裁剪制衣的基础。和大多数按照标准型号、批量生产的西服成衣不同，定制西装从个人的需求出发，充分照顾个体差异，更贴合身体，能够扬长避短，更好地发挥个人魅力，所以不妨考虑尝试一下。

高阶用户

所谓高阶用户，无论是出于职业的原因，还是个人爱好，他们重视着装，讲究搭配，有一定的绅装知识储备，也对绅装有一份特别的感情，有些人甚至喜欢收藏绅装。对于他们而言，没有什么具体的置装建议，整体上比较自由，既可以去挑战诸如戗驳领双排扣这类高难度的款式，也可以尝试更多的色彩、面料与搭配。

在本书的最后一章，我们访谈了八位乔顿先生，他们都是高阶用户的代表。我们请他们分享了绅装经验，高阶用户估计会有不少共鸣。

第四章

场合着装

ATTIRE FOR OCCASIONS

授人以鱼，不如授人以渔。

要解决男士的着装问题，先要抓住问题的根本，聚焦方法。正所谓纵横不出方圆，万变不离其宗。场合是构建男士着装方法论的核心，本章由此入手，讲解场合着装是什么，为什么，以及如何应用；通过绘制场合着装地图，再辅以着装示例，帮助读者进一步理解场合与着装的关系；进而解读国际规则，结合中国本土的实际，为读者提供各类场合着装的应对建议。

01 场合着装方法论

理想的着装，是人、衣、场三要素的匹配，是合心、合体又合场。穿对场合，对于男士而言，尤为重要。因为男装注重规范性，很多时候，场合即规则。同时，穿对场合需要理解着装情境，调动情商、美商，这也是提升衣品的关键。

场合着装：原则与规则

场合不是单纯的物理空间，而是一种社交场景，它包含了诸如时间、地点、人物等不同要素。从着装的角度来看，人们的行为普遍受到场合的影响，就像说话、做事都要注意场合，着装也不例外。置身于不同的场合，人们的社会角色、关系状态会随之发生变化，而场合着装突出地反映了人的社会性，是着装者对于多变的社会情境的适应与调节。

每个人的适应能力不同，对于场合着装，有的人擅长，有的人则稍逊一筹。而从社交的角度来看，穿对场合，说明着装者对场合足够重视，对会面者足够尊重。另外，也表现出着装者熟悉社交规则，拥有良好的着装品位。反之，穿错场合往往暴露出着装者对于社交场景不够重视和尊重，或是缺乏社交经验与审美。

对此，美国著名的社会学家戴安娜·克兰在讨论男性着装时，引用了《纽约时报》上的一则广告文案："穿对了套装不一定能让你登上权力的宝座，但是如果穿错了套装，你可能哪儿也去不了。"

这种说法多少有点夸张，但是它从侧面表明了场合着装的重要性：遵守着装规则，对于商业、政治和职业的成功有着一定的影响。

如何才能穿对场合？在本书第一章，绅装简史中曾经介绍过，绅装的普及，带来着装规则的体系化。之前约定俗成的着装经验，被梳理成Dress Code，而后又被提炼成TPO原则。比较而言，Dress Code带有限定性，什么场合穿什么衣服，它强调一种规则意识。而TPO原则，最初可以理解为Dress Code的代名词，随着时间的推移，它逐渐成为国际通用的着装规则。而今天，我们可以将TPO原则视为一种着装的底层逻辑，由此，TPO原则与Dress Code规则共同构筑起场合着装的方法论（图4-1）。

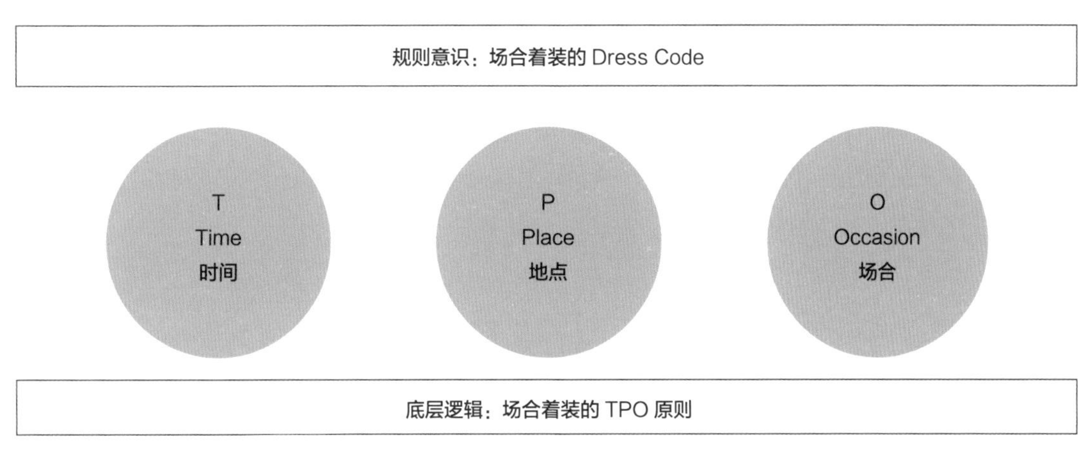

图4-1 场合着装：原则与规则

场合化思维：TPO原则

TPO原则作为场合着装的指导思想，从时间（T）、地点（P）、场合（O）三要素来拆解着装。它的原理看似简单，其实也包含很多细节。其中，场合既是构成要素，也是TPO原则的核心理念。下面，对这三个要素分别展开具体的介绍，需要强调的是，着装并非单一要素的决策，具体的着装选择要根据这三个要素进行综合考虑。

（1）T（Time）时间。着装不仅要合心合体，还要应时应季，时间要素体现了场合着装对于天气、自然环境的呼应。而且，人们在一天之中的不同时间点，会有相应的作息与活动规律，所以时间也是很多礼仪与风俗中都会在意的规矩要点。具体来看，时间要素主要包括这样几个方面的考虑。

- **季节**：一年四季，不同季节的面料或色彩会有所不同。就像在热播电视剧《繁花》中，爷叔改造阿宝的形象时，提出“冬天穿法兰绒、舍维呢，夏天穿派立斯、凡立丁”。一般来说，秋冬通常为深色系，面料厚重，以毛、绒、呢为主；而春夏多为浅色系，面料比较轻薄，会加入丝、麻。
- **时段**：工作时间或非工作时间，这也是影响着装的一个因素。例如，同样是去办公室，在工作时间和周末加班就是不一样的状态。如果约在非工作时间进行一些商业会晤、活动聚会，也会比在办公时间的同类活动要穿得轻松一些。所以，西方的Dress Code体系里有Business Casual（商务休闲）和Smart Casual（体面休闲），这是融合了商务元素与休闲元素的着装语言。我们在后面解读着装规则部分，会进行详细的展开。
- **时点**：日间或晚间，这是绅装体系中非常重要的一种区分。一般国际惯例是以18:00作为分割线，日间采用浅色系，注重简洁端庄；晚间采用深色系，相对隆重华丽，有些晚间场合还会采用有光泽度的面料和装饰手法。

此外，着装还讲究应时应景，时间因素还包含了节假日以及一些特殊意义的时间节点。不同的文化风俗，有着不同的节日着装偏好，像中国的春节和西方的圣诞节，同样用到红色，但是图案元素、搭配以及红色对应的意义是不同的。

（2）P（Place）地点。地点要素看似是一个地理信息，其实包含了地域文化与情境细节等多重因素。

- **区域**：主要是指东方与西方、南半球与北半球这种大跨度的分区。区域背后既有文化的差异，也有自然的差异。例如，从中国去往南半球的区域，如大洋洲（澳大利亚、新西兰）、南美洲（巴西、阿根廷等国家），季节都是相反的。

- **国家、地区：**不同国家、地区有不同的文化习俗与禁忌。就像中国人喜欢红色，禁忌数字4；意大利人喜欢灰色和绿色，禁忌紫色；德国人禁忌墨绿色；英国人禁忌大象、山羊和孔雀的元素和图案；仙鹤在我国象征长寿，在法国就是恶鸟；日本人禁忌荷花，不喜欢紫色和绿色。所以，不论经商还是旅行，了解着装规则，要熟悉各地的风俗禁忌。
- **场地：**主要是指活动的具体地点，英文中另有一个词Venue，更贴合这个意思。着装要考虑具体的场景，同样是聚餐，五星级酒店和街边小馆是完全不同的场合，所以场地信息很重要。在收到邀请时，如果没有提示Dress Code，可以根据具体的地点信息推测着装的规格与风格。

（3）O（Occasion）场合。此处的场合主要是指时间、地点之外的社会情境性因素，比如着装的性质，是工作还是娱乐；场合的规模，出席人数是多还是少；自己是作为主角在台上，还是作为参与者在台下；面对的人是初次见面还是老熟人……

顺着这个情境要素去思考，可以梳理着装目的。所以，也有另一种TPO原则的说法，将这个代表场合元素的O修正为Objective，即着装目的。无论是情境因素还是着装目的，这个要素帮助人们预期自己在场合中的角色、地位，以便更加合理而得体地着装。

规则系统：Dress Code

解析了场合着装的TPO原则，再来说说规则系统。Dress Code，顾名思义即着装密码，又称着装规范，它是场合着装的文化源头。作为一种社交礼仪，Dress Code本是活动主办方在邀约时提供的着装参考，这样便于来宾了解主题基调、情景场合，确保着装的体面与适配性，减少因不合时宜而产生的尴尬。很多时候，它直接出现在请柬或是邀请函上，以着装要求的形式定义了场合。久而久之，不同场合就逐渐形成了各自的着装规范。

作为场合着装的规则，Dress Code带有一种限定性。从

图4-2中可以看到，在礼服体系中，场合与着装基本上都是对应关系。所以，这就像梨园行有句话，“宁穿破，不穿错”，规则意识是Dress Code系统的核心。有时候，了解规则、穿对场合甚至比穿名牌更为重要。特别是在国际交往中，如果没有遵循Dress Code，不仅显得失礼，还有可能被主办方拒之门外。

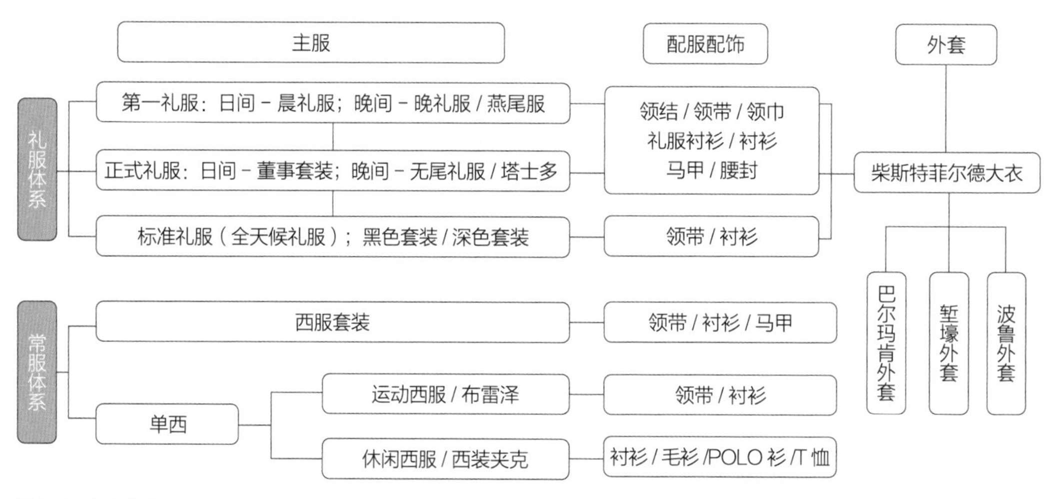

图4-2 绅装体系

本章后半部分的“场合着装规则与建议”，专门对照国际惯例，会对整个Dress Code规则系统展开详解，感兴趣的读者不妨系统阅读。在此，概括性地介绍Dress Code系统的基本原理。

（1）规格越高，规定性越强。规格代表着装的级别，一般礼服高于常服，晚间较日间更为隆重。随着规格升级，着装的规则也更加严谨，所以自由度相应降低，甚至演变成一种固定的搭配组合。比如，晨礼服和晚礼服，作为第一礼服，基本上没有什么变通空间。

（2）款式是决定规格的核心要素。绅装的穿着，基本上就是在款式、颜色、面料、图案、搭配等着装要素中进行组合。其中，主服的款式起到了决定性的作用，是着装规格的核心标志要素。比如，同样是穿着礼服的晚间活动，晚礼服或燕尾服的规格就高于无尾礼服和塔士多。当然，款式中还包含细节的变化，这些细节也有规格的区别，比如戗驳领级别高于平驳领、双排扣级别高于单排扣。此外，从搭配的角度来看，主服有不同的配服、配饰组合，穿马甲的规格高于不穿马甲；配衬衫的规格高于其他内搭的毛衫、POLO衫；领结的级别高于领带，而系领带的规格高于不系领带。

（3）注重标准，崇尚经典简洁。一般来说，抛开季节的因素，在颜色方面，通常深色的级别高于浅色。至于图案，净色级别高于条纹，而条纹的级别高于格纹。领带也是如此，纯色的规格高于条纹，条纹高于波点等其他图案。这些在前面绅装衣橱的章节中，多少都有所涉及，其核心就是标准款的级别高于改良款；同等条件下，经典色和标准用料的级别高于变通的颜色和面料。

（4）讲究对位，注重平衡。场合着装虽然有规则，固然要遵守，但是规则并不是教条，它也允许变通，最重要的是对位。一般来说，尽量不低于着装规格的要求，但是可以适当高于着装规格的要求。例如，Dress Code写的是商务套装，穿着低于这个级别的单西就不合适，但是穿着高一级别的董事套装就可以。当然，高于规格也要适度，该休闲的场合穿得过于正式也不合时宜；规格高出太多，过于隆重，显得用力过猛，可能适得其反。

同时，除了高规格场合的限定性比较强，没有太多选择，大多数的场合，规则只是提供了着装的大致方向，人们依然享有一定程度的穿衣自由。例如，深色套装，颜色有细微差别，可以变化出几十种选择。同样一件主服，搭配不同的配服、配饰，可以对应到不同规格的场合。

此外，Dress Code系统中，也有便装、主题着装或创意着装这种发挥空间非常大的场合需求。所以，绅装体系并不是僵化的，在保持得体之余，也有很多自我表达的空间，而真正讲究的穿着，恰恰是在规则与自由之间寻求得体的平衡。

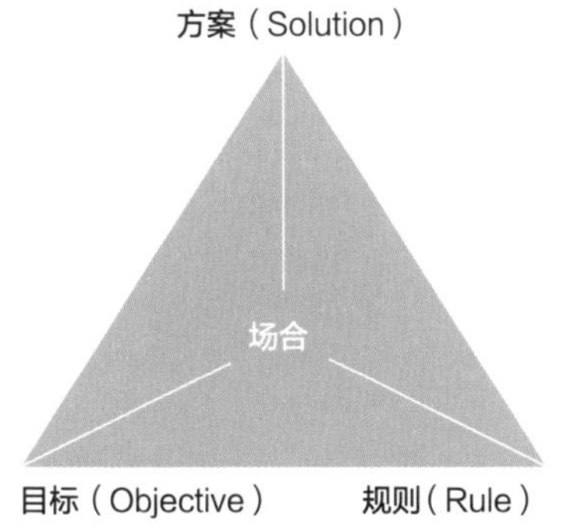

图4-3 ORS工具（目标—规则—方案）

场合着装：ORS工具

如前所述，场合着装除了少数高规格的礼服有相对严谨的着装标准，多数情况下，它有规则，无定式，并没有套路和模板。为此，我们可以导入ORS工具（图4-3），进一步落实场合着装的原则与规则，以此来指导具体的着装选择与搭配。

场合着装工具ORS（Objective-Rule-Solution，目标—

规则—方案）可以比喻为着装的导航，导航基于地图，能够为人们规划出行路线。每个人的场合地图是不同的，在后面会做详细介绍。而导航的应用，要输入起始点与目的地，知晓交通规则，并在行进中不断校准调整。

本书前面三章内容，第一章定义绅装，帮助读者熟悉绅装文化，建立场合着装的意识；第二章绅装型格，聚焦“人”的要素，推动自我认知，相当于是在导航中定位出发的起点；而第三章绅装衣橱，解析“衣”这个元素，它是场合着装的实施载体，可以理解为交通工具。由此，导入场合着装ORS工具，可以按照下面的步骤，进行着装选择。

（1）目标（Objective）。着装首先要明确目标，相当于在导航中输入目的地，考虑自己将要去到哪里，思考场合着装的TPO要素。用目标来引导着装行为，可以借鉴管理学大师彼得·德鲁克（Peter F. Drucker）的目标管理思想。尽管人们的着装很难按照SMART原则来进行细致的目标设定，也无须KPI这类指标考核，但是引入目标，有助于管理着装行为，调动着装的积极性，激发人的内驱力，实现更有意识地着装。

从目标的角度来说，如果是求稳不出错，就要尽量选择基本款，用标准色和常规面料，选择最日常的搭配。这种情况，适用于自己并非主角，不想显眼，追求与周围人保持步调一致的场合。

反之，如果目标是出彩，想要引人注目，希望给人留下深刻印象，就要在规则之下，寻求一些突破。可以根据场合情况，在款式、色彩、面料以及搭配方面做出一些变通。例如，戗驳领西装比平驳领西装更显眼，也可以选择一些更出挑的颜色，或是特殊的面料。像丝绒西装比较少见，适合一些高规格的晚间场合，显得儒雅帅气。

比较而言，不出错的目标比较好实现，而想要出彩，需要把握好分寸。毕竟，出彩不是出位，引人注目不能引人侧目，一切元素的变通调整，都要在规则之下。所以，还可以走折中路线，将目标设定为整体求稳、细节亮眼。

通常，折中路线主要在小单品上做文章。例如，领花处于比较显眼的位置，一款别致的领花，能够吸引视线，但是不会改变整体造型的基调。再如，袜子是一个值得玩味的小单品（图4-4）。

如果是求稳的造型，一般选用纯色的深色袜子，常见的是黑蓝灰，要注意选择接近裤子的颜色，而不是接近鞋子的颜色，长度也要尽量保持在中筒，能到小腿以上。而如果想要出彩，根据场合的情况，可以尝试一些具有穿搭难度，能够恰到好处，突出个性的彩袜；或者有些人偏爱隐形船袜，采用露出脚踝这种时髦的穿法。

（2）规则（Rule）。从规则层面来看，像图4-4这样，用袜子进行个性化表达，既有辨识度，又不会破坏着装的正统性。它的前提是西装的款式、颜色、质地，以及搭配的衬衫、鞋子、领带，这些都是庄重得体，符合场合着装规则的。

一般来说，除了前面提到的TPO原则和Dress Code系统，在这些通用规则之外，一些行业、企业也有自己的着装规范和偏好。所以，从执行层面来看，可以按照先规则后原则的方式来处理：以场合为出发点，提前留意Dress Code信息和行业、企业的着装规范，如果有着装要求，就按照相关提示的规则来着装。遇到没有明确要求的场合，依据TPO原则，综合考虑三大要素，选择适宜的服装。

（3）解决方案（Solution）。场合着装工具强调以目标为导向，按照规则来导出着装解决方案。所谓解决方案，就是全套造型（Total Look），从头到脚，从里到外。如主服选什么，配服是什么，鞋子、袜子乃至腰带、领带，各种配件、配饰如何安排，要进行通盘考虑。

在本书的第六章，我们访谈了历年的乔顿先生，他们中的很多人，都是习惯前一天晚上准备好第二天的着装。正所谓“凡事预则立”，解决方案是着装的预设，提前做好准备，是基于对场合的全方位研判。这么做并不麻烦，它伴随着对第二天日程的梳理，可以令人对工作、对生活都有更清晰的规划。而且，大多数的场合都是可以预判的，做好着装解决方案和相应的准备，不仅可以避免第二天的忙乱，而且节约时间，能够令人更加从容地应对各种场合，

图4-4 目标导向的着装行为：出彩的袜子
（图片来源于网络）

始终保持良好的形象。

所以，在解决方案这个层面，建议可以依据个人情况，从自身的场合需求出发，准备几套适应不同场合的常用搭配，形成一些相对固定的组合，这样可以优化流程，提升着装效率。为此，不妨从场合地图出发，对个人着装需求进行规划，我们在下文中，也专门准备了一些着装参考，希望能给大家带来启发。

02 场合着装地图

场合着装是绅装的核心理念，而场合不仅意味着规则，它也联结着生活。对于国人而言，正所谓“仓廪实而知礼节”，随着生活水平的提高，人们追求有仪式感的生活，在意自己的社交形象，场合着装的观念也因此受到重视。

其实，讲究场合着装，不只是应对一些特殊的情境，而是一种全场景的着装解决方案。有些场合，需要参考国际惯例，这部分在下个小节会详细展开；而更多时候，场合着装是生活情境，要结合中国的现实。为此，我们提出场合着装地图的概念，一方面可以区分不同场合，提高着装的效率与效果；另一方面也是希望借此将场合着装的规则适配到本土的生活情境中。

场合着装：底层架构与评估维度

每个人的职业、生活、兴趣爱好各不相同，所以场合着装的需求也因人而异。要抓住需求的共性，绘制场合着装地图，重点在于对着装情境进行梳理，从中寻求底层的逻辑架构。如图4-5所示，经过研究，我们提取了职业与社交两个维度，前者是场合的属性，可以区分为职业与非职业，即工作场合与生活场合。后者是从社交的角度进行分析，可以将场合划分为外部场合与内部场合，以此做到内外有别。

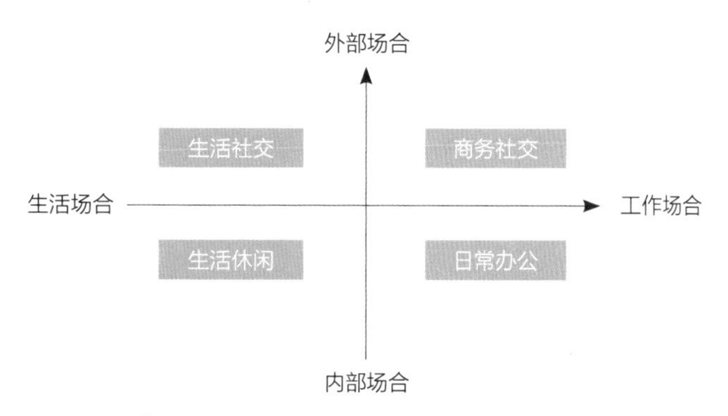

图4-5 场合着装地图的底层架构

有了底层架构，绘制场合着装地图，还需要建立相对细化的评估维度。为此，我们参考了时间管理模型的“重要—紧急”四象限图，将这个思路借鉴到场合着装分析中。从横轴来看，以重要性评估场合着装，无论着装者的级别是公司老板还是员工，也无论工作单位的性质是私企还是国企，或者事业单位、公务员、教师……着装对职业场合的影响大多比较重要。

而像家庭聚会、朋友聚会这种场合，虽然亲情和友情对于个人的幸福感影响很大，在每个人的生活中都占有重要地位，但是从场合着装的角度来看，这些都是私人场合，属于熟人社交，着装对个人的影响并不大，所以重要性不高。

由此，以重要性的高低来分析“工作—生活”这个属性维度；另外，在社交维度上，可以提取仪式感的强弱作为“内部—外部”的分析轴，由此得到“重要性—仪式感”的评估维度。将四个主要的场合类型带入这个评估维度中，如图4-6所示，不同的场合类型有了更清晰的描述与区分。

更为重要的是，借助“重要性—仪式感”的评估维度，我们可以列举出各种着装场合，将它们带入其中，经过分析评估，得到一张场合着装地图。

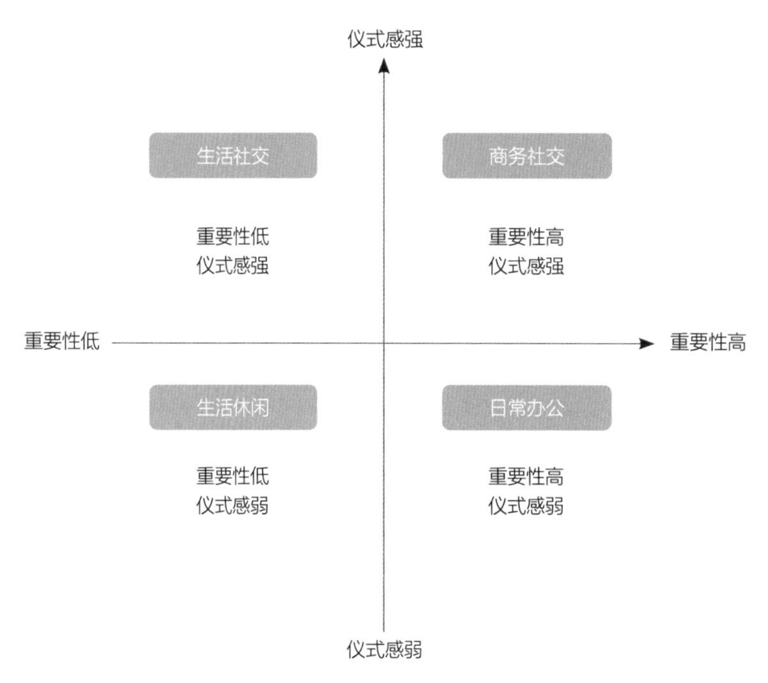

图4-6 场合着装的评估维度：重要性—仪式感

需要说明的是，场合评估没有绝对的标准，每个人的情况不同，包括同一个场合，面对的人不同，重要性和仪式感的评估结果也不尽相同。所以，图4-7的场合着装地图只是示例，读者可以结合自己的工作与生活，进行自评，对这张场合地图进行定制。同时，场合地图也不是一成不变的，它可以动态调整。

场合着装要点：细分层级　抓住关键

场合着装地图可依据自身的场合需求来调整定制，相比较而言，社交带来场合的增加，商务社交场合较日常办公场合更为多样化，生活社交场合也比生活休闲场合更为丰富。而万变不离其宗，作为一种方法论，每个人通过场合地图，可以更直观地评估场合的重要性与仪式感，明确场合着装需求，以便寻求对应的解决方案。

具体来看，前面按照场合着装的底层架构和评估维度，区分出四大场合类型，这可以看作一级指标，而每种场合还可以进一步细分，这样便于抓住要点，更有针对性地着装。下面就结合场合着装分析表（表4-1），对不同的场合着装类型逐一展开详解。

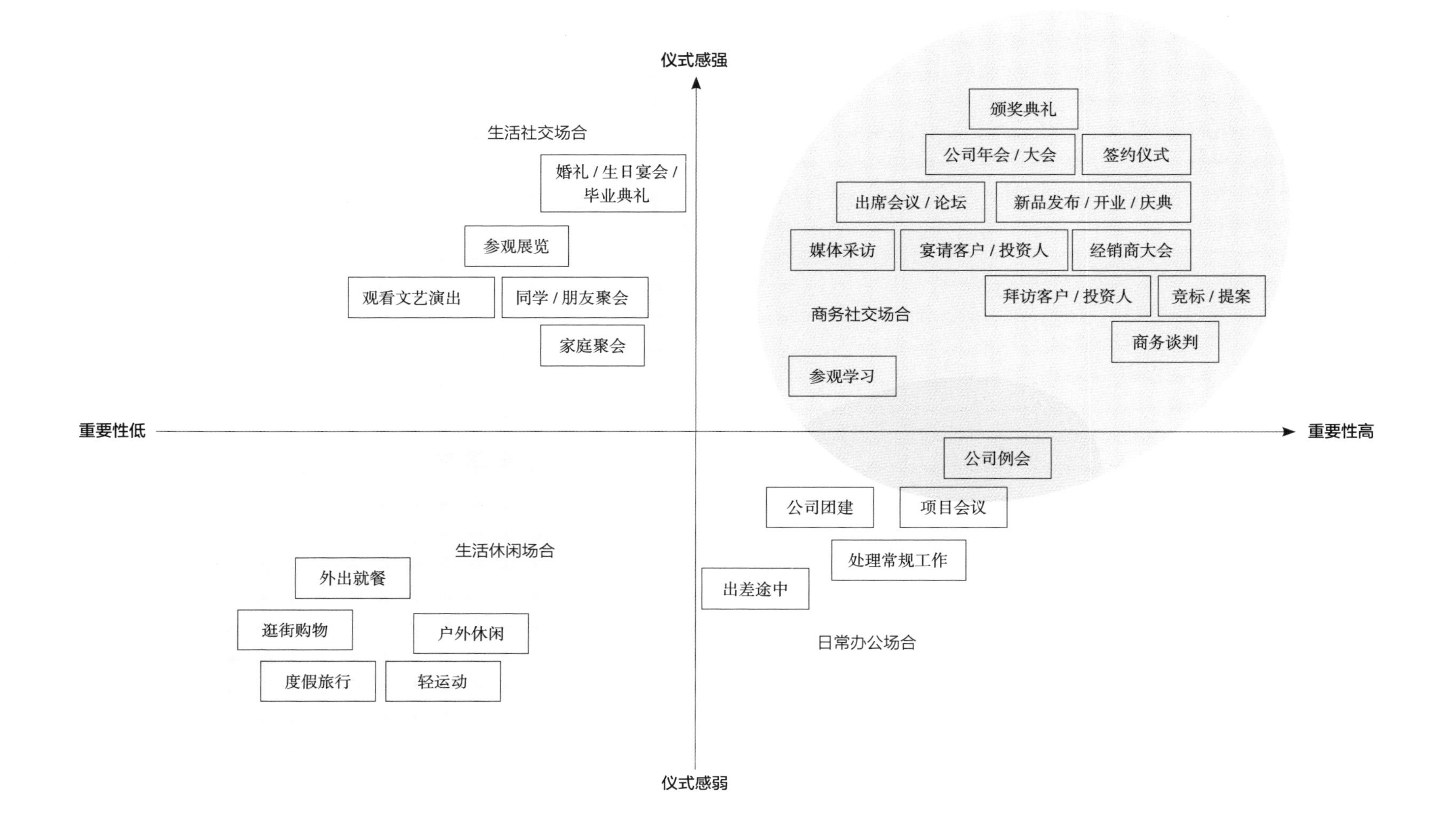

图4-7 场合着装地图示例

表4-1 场合着装分析表

一级分类	二级分类	场合举例	场合特点	着装关键词
商务社交场合	仪式活动	颁奖典礼、签约仪式、新品发布/开业/庆典、公司年会/大会	仪式感强，重要性高	符合礼仪标准
	会议交流	经销商大会、出席会议/论坛、媒体采访、参观学习	仪式感中，重要性高	展示企业形象
	业务洽谈	拜访客户/投资人、竞标/提案、商务谈判、宴请客户/投资人	仪式感中，重要性高	争取竞争优势
日常办公场合	工作会议	公司例会、项目会议	仪式感中，重要性中	建立个人形象
	常规办公	处理日常工作	仪式感弱，重要性中	简洁干练
	外出差旅	公司团建、出差途中	仪式感弱，重要性中	舒适得体
生活社交场合	生活仪式	婚礼/生日宴会/毕业典礼	仪式感强，重要性中	营造氛围感
	日常社交	同学/朋友聚会、家庭聚会、参观展览、观看文艺演出	仪式感中，重要性中	传递个性品位
生活休闲场合	城市休闲	外出就餐、逛街购物	仪式感中，重要性低	时尚有型
	旅行户外	度假旅行、户外休闲、轻运动	仪式感弱，重要性低	注重功能

（1）商务社交场合。这是职业场合中的外场，整体来说，重要性都比较高，其中既有仪式感比较强的大场面，也有一些规模不大，更偏人际互动的业务社交。具体来看，商务社交场合可以细分为三类。

①仪式活动：如颁奖典礼、签约仪式、新品发布/开业/庆典、公司年会/大会

着装要点分析：这类场合的仪式感比较强，所以着装的关键词是符合礼仪标准，如果有Dress Code，就要按照着装要求来穿着。如果没有，可以根据场合的情况，选择带有一定礼服元素的着装。

着装建议：礼服或带有一定礼服元素的西服套装，比如戗驳领双排扣，两件套三件套均可。当然，如果没有硬性规定，也可以穿着常规的西服套装，但是要尽量做到隆重高规格。颜色方面，如果是日间活动，可采用灰色；晚间主推深色，如黑色和深蓝色

系。除特殊的喜庆活动或特殊情景、身份，尽量不用鲜艳的颜色和大面积的图案，可用一些有光泽度的面料。细节方面，一般选择有袋盖或嵌线袋，不用贴袋；可在领带、口袋巾等搭配中，选用一些喜庆或比较有仪式感的元素。

②**会议交流**：如经销商大会、出席会议/论坛、媒体采访、参观学习

着装要点分析：与前面的仪式活动不同，这类场合的业务属性比较强，所以着装的关键词是展示企业形象。

着装建议：庄重大方的西服套装，可以带一些企业元素。两件套三件套均可，一些级别较高的场合，基本上都要系领带。色彩方面，主推蓝色系和灰色系，一般不用亮色或大面积的图案。如果是出镜的媒体采访，还要避免条格以防出现摩尔纹。搭配方面，内搭一般是素色衬衫，可以用领带、口袋巾、领花这样的细节和公司的标识、标准色进行呼应。

③**业务洽谈**：拜访客户/投资人、竞标/提案、商务谈判、宴请客户/投资人

着装要点分析：这类场合的仪式感要求是中等，但是重要性高，要谨言慎行，因为事关业务成败，所以着装的关键词是争取竞争优势。具体来说，就是用着装塑造诚信可靠的形象，增强竞争力，给对方留下比较深刻的印象。

着装建议：具有辨识度的西服套装，这类场景可以采用条纹元素，如条纹西装或内搭条纹衬衫，一般不用格子图案或彩色。搭配方面，两件套三件套均可，可在领带、口袋巾上用一些特别的元素，增强记忆点和辨识度。

（2）日常办公场合。这属于职业场合中的内场，由于是较为熟悉的环境，往来也多为熟识的关系，所以着装对事业的影响没有那么大，通常不需要特别隆重的准备，以常规操作为主，内搭也更为多样化，自由度较前面的商务社交明显提升。具体来看，日常办公场合也可以细分为三类。

①**工作会议**：如公司例会、项目会议

着装要点分析：这类场合主要是内部会议，和前面外场的商务社交不同，外场的着装要塑造企业形象，为拓展业务而服务；

内场的会议，面向内部，着装关键词是严谨有度。既不能太过随意，也不宜过于正式，正式过了头，反而显得拘谨。最合适的着装，是与工作环境的整体氛围保持一致，同时以此基础，适当加入个人元素，以树立个人形象。

着装建议：符合个人气质的套装或单西，主推蓝色系、灰色系，不用亮色。一般是单排扣这类较为基础的款式，可用条纹或威尔士亲王格纹这类小细格，不用大格纹或其他花色图案。搭配方面，马甲可配可不配，领带建议佩戴，整体着装可以有些固定的偏好，便于形成一定的个人风格，树立个人形象。

②常规办公：处理日常工作的各种场合

对于职场人士而言，工作占据了大部分的时间，而常规办公是最为主要的着装场合。这方面，不同职业的着装情景有着显著的差异，可以进一步划分为三类情况。

制服/工服：有些职业，比如军警、司法机关等，着装往往象征着国家的威严，规范性非常强，是制服级别，甚至会有专人来检查风纪。医护人员、消防员这一类职业，工作环境对着装也有严格要求，注重功能性。而像航空、电信、电力等服务性行业，出于企业形象的考虑，也会要求员工在上班期间穿着工服。

上述这些职业场合都属于规定性情景，着装没有太多的选择，所以有些人会把着装的重心，放在工作之外的生活场合。像历年乔顿先生的评选中，也有医生、警察这类职业的从业者，他们在工作中要穿着制服或工作服，而在生活场合，他们会选择穿着绅装，以此表达自己的个性、品位以及对生活的热爱。

严肃职场：对于从事金融投资、会计审计、法律咨询等行业的人而言，相对严谨的着装有助于树立职业的权威性和专业性。2014年，耶鲁大学管理学院曾经开展了一项研究，结果表明，职业装会增加专注度与自信，从而提升工作表现。

关于严肃职场的着装，美国律师道格拉斯·汉德（Douglas Hand）曾经提出，个性固然重要，但是精干得体才是职场人士的穿衣之道。身兼美国时尚设计师协会（CFDA）的理事，道格拉斯·汉德对比分析了美国不同行业的着装情况（表4-2）。

表4-2　美国各行业着装规范情况一览表

行业	着装的正式程度	着装的奢侈程度	职业人士利用率
媒体行业	高	高	高
技术行业	低	低	中/低
能源	中/低	中/低	高
食品/饮料	低	中/低	中
体育	中	中/低	高
时尚	低	高	中
医药	中	中	中
金融服务	高	高	高
出版	中	中/低	中
建筑	中	高	低
交通运输	低	低	中/低

在他眼中，西装是职业人士的标配，不论工作单位的着装规范如何要求，都应该穿西装上班，因为它可以修正身材的缺陷，增强着装者的自信。不过，中美之间存在国情差异，而且即使同一个行业，大公司和小企业不同、每个人的职位高低不同，也不能一概而论。但是上面这张着装分析表，还是为严肃职场提供了一些有价值的参考。

除了上述这些行业，在我国，还有一类群体，就是公务人员和身在事业单位的人。很多国家会要求公务人员穿西装，但是在我国，这类人群大多没有统一的着装。虽然没有制服或工服，着装规范和企业也有所不同，但这类群体的着装往往代表着政府部门和机关单位的形象，所以着装并不能随意。基本上，他们也都属于严肃职场，着装强调秩序感，注重群体归属，个人的自由度相对有限。

轻松职场：在一些技术性行业、创意性行业，对于着装没有太多的要求，所以即使出入写字楼、办公室，着装也相对随意。从包容度来看，可能在其他行业被视为慵懒或是奇装异服的穿着，在这类职业场合中也能被坦然接纳。甚至有些行业，会鼓励个性化的穿着，将其视为个人创意能力的一种表现。所以轻松职场的着装，规范性比较弱，可以更多地表达自我，实现为舒适与个性而穿着的目的。

着装要点分析：前面分析了三种主要的常规办公着装类型，基本上，这类场合的着装要点就是要符合工作单位的着装规范和整体着装氛围。相比较而言，这个场合的仪式感比较弱，重要性居中，所以着装关键词是简洁干练。

着装建议：基本款的西服套装、单西或商务夹克。西服主推单排扣平驳领，颜色以蓝色、灰色和棕色系为主，不宜亮色。除了条纹图案，还可以适当选择一些格纹。搭配方面，马甲可配可不配，领带也可以不系；内搭除了衬衫，秋冬还可以选择毛衫。也可以不穿西服，改穿简洁干练的夹克，或者采取深色毛衫配衬衫的组合。

③外出差旅：如公司团建、出差途中

着装要点分析：这类场合往往涉及室内室外多场景的切换，着装的变化区间比较大。像团建的主题不同，有时是休闲会议，有时是野外拓展，有时要求个性着装，有时会直接发团服。而差旅则要考虑是否先回酒店休息换装，还是直接前往目的地。总体来说，这类场合的仪式感比较弱，重要性居中，所以着装关键词是灵活切换、得体舒适。

着装建议：这类场合的着装要视具体的时间、地点而定。一般来说，可以单西为主，也可以选择商务夹克。其实，单西虽然没有套装那么强的仪式感，但是它也能穿出端庄，实现一种兼顾舒适度与得体度的良好效果。例如，尝试主打灰色、卡其色这类浅色系，特别是春夏季，这样可以和深色套装带来的职场刻板印象形成明显区别。总体来看，这类场合依旧不宜用太亮的颜色，可适当用格纹，也可以采用贴袋设计。其搭配是比较灵活的，可以不系领带，甚至不配衬衫，换成毛衫，或者纯色的T恤，脚下也可以穿着舒适的乐福鞋，有些时候还可以选择牛仔裤+小白鞋的组合。但是，再灵活也不能太随意，还是要注重细节。毕竟绅装是不经意间流露出的品位，那种举重若轻的风度往往要在细节上下功夫。

（3）生活社交场合。这是生活场合中的外场，不同于商务社交场合，它的情境差异和角色差异比较大。同一类场合，从高规格的礼服，到无所谓级别的轻松便装都有可能。例如，同样是婚礼，这个场合既可以是很有仪式感，连伴郎、伴娘都有专属礼服的草坪婚礼；也可以是没有司仪和典礼环节，新郎、新娘穿着喜庆的日常服装，招待亲朋好友聚餐的简单形式。所以，出席生活社交场合，一定要提前关注Dress Code信息，根据TPO原则事

先确认好着装规格，留出调整的余地。具体来看，生活社交场合根据仪式感的强弱，又可以分为两类。

①**生活仪式**：例如婚礼/生日宴会/毕业典礼

着装要点分析：这类场合的重要性居中，但是仪式感比较强，所以规范性相对高一些，其着装关键词是营造氛围感。

着装建议：礼服或带有一定礼服元素的西服套装，比如戗驳领双排扣，可以选择红棕色系或其他色彩，打破黑色或蓝色的沉闷，细节方面，可以有袋盖或是嵌线袋，也可用贴袋。如果是晚间活动，可用一些有光泽度的面料。搭配方面，两件套三件套均可，除了领带，也可搭配领巾，在装饰细节中，可以用一些喜庆或比较有仪式感的元素。

②**日常社交**：同学/朋友聚会、家庭聚会、参观展览、观看文艺演出

着装要点分析：这类场合的重要性不是很高，仪式感也没有那么强，所以着装的自由度比较大。如果对西服情有所钟，能够穿得恰到好处，这类场合可以大显身手，比工作场合更容易穿出彩。所以，着装的关键词是传递个性品位。

着装建议：比较风格化的着装，相对自由，可以根据个人喜好，选择套装或单西，色彩与图案更多样化，要避免商务气息，可以选用格纹套装。搭配方面，两件套三件套均可，领带可系可不系，内搭也比较灵活，衬衫、毛衫等皆可。

（4）生活休闲场合。属于生活场合的内场，场合着装的仪式感弱，重要性低，规范性也弱，更偏重着装的功能性与舒适感，相对比较放松。具体来看，生活休闲场合又可以分为两类。

①**城市休闲**：例如外出就餐、逛街购物

着装要点分析：除了工作和社交，人们还有诸多相对个人化的休闲场合。这类场合的重要性不是很高，仪式感也没有那么强。不过，近来在生活休闲场合中也出现一种趋势，人们不是出于场合着装的要求，而是为了生活情趣而穿着绅装，这在年轻人中表现得尤为明显。他们穿着绅装出现在咖啡馆，出现在街拍中，其中也不乏西服套装，还有很多都打了领带，算是用着装为自己的生活营造一种仪式感。需要注意的是，生活休闲大多是在公共场

合，场景变化大。比如，去看演出和去酒吧的场合环境就不太一样；都是演出，听古典音乐会和看摇滚演唱会的场合着装也十分不同。所以要穿出生活的味道，其关键词是时尚有型。

着装建议：有设计感的西服套装，具有都市风格，可依个人喜好，选择单西或夹克，在色彩、材质与图案方面更为多样化，搭配方面，领带可系可不系，内搭也比较灵活，衬衫、毛衫、运动帽衫等皆可。

②旅行户外：例如度假旅行、户外运动、轻运动

着装要点分析：西方的度假休闲文化由来已久，所以一些高端女装品牌，会在秋冬、春夏两季之外，专门推出度假系列；而男性的度假休闲着装也常常成为时尚潮流的灵感源泉。事实上，度假有各种距离、形式和玩法，这也令度假休闲的着装充满了变化，需要考虑目的地、搭乘的交通工具等具体的出行场景。另外，随着生活水平的提升，人们的健康意识和养生观念日益普及，越来越多的人开始投身运动。由于运动的种类五花八门，所以运动休闲场合的着装也有非常多的细分门类。不同的运动讲究不同的着装，有各自的文化，比起其他生活休闲，运动休闲更注重专业性与功能性，而且它正变得日益时尚化。像近来比较热门的山系穿搭，就是由大热的露营活动和户外运动带火的一种流行风格。整体来看，旅行户外场景的变化大，仪式感弱，重要性低，其着装关键词是注重机能。

着装建议：布雷泽、猎装夹克，这些都是旅行户外的绅装经典，其实，旅行户外着装主要是依据个人喜好、旅行规划，以及具体的运动项目选择适宜的服装，如夹克类、多功能马甲，在保持舒适的同时，注重防风防寒等功能。

场合着装参考示例

每个人的具体情况不同，场合着装地图也会因人而异有所调整。不过，着装的原则和规则是相通的，所以下面结合示例，对一些主要的场合展开具体分析，希望读者也可以从中得到启发和参考，进一步把握场合着装的要义。

场合示例1 颁奖典礼

在国内的颁奖典礼，通常不需要穿着White Tie级别的礼服，基本上图4-8这样一套Black Tie级别的无尾礼服或塔士多（Tuxedo）就可以满足场合需求。甚至一般的典礼，可能连塔士多也不需要，选择深色套装足矣。

但是，如果出席国外的颁奖典礼，就要仔细留心邀请函上的Dress Code，如果写着“Black Tie”字样，那么选择这套造型就不会出错。

其实，不论国内还是国外，隆重的典礼场合讲究仪式感，一定要注意着装级别。规格低了显得不够尊重，甚至可能会被拒之门外。

图4-8 无尾礼服/塔士多（Tuxedo）套装

场合示例2 签约仪式

相对于职业发展而言，签约仪式的场合重要性也是很高的，但是它不像提案、谈判这样的场合那么富于竞争性，它的社交属性更强，场合也更加公开，所以突出仪式感。

图4-9中的蓝色戗驳领西服套装比较亮眼，戗驳领自带一定的仪式感，衬衫、领带都采用了同色系的搭配，透过细节体现出尊重。整体造型大方，气场恰到好处，既不会过分张扬，又是一种不容忽视的存在。

图4-9 蓝色戗驳领西服套装

场合示例3 新品发布/开业/庆典

这也是一个社交属性较强的场合，讲究仪式感。图4-10这套西装，戗驳领能够满足礼仪着装的需求，红棕色系符合中国人对于喜庆场合的习俗。

此造型细节较多，如内搭奶白色马甲增加层次感，雾蓝色衬衫和口袋巾的颜色，红色碎花领带与西装颜色都是内外呼应。

图4-10 红棕色西服套装

图4-11 暗花深色西服套装

场合示例4 公司年会/大会

公司年会属于社交属性较强的场合，重要性也比较高，图4-11中的深色套装从庄重的角度来看，可以满足仪式感的场合需求。同时，一般的公司年会，大都有演出和抽奖等环节，具有一定的娱乐性，所以这套造型吸收了花式塔士多的元素，面料带有暗花纹，搭配亮色印花领带和口袋巾，庄重而不失幽默感，能兼顾娱乐气氛的场合需求。

图4-12 灰色戗驳领双排扣三件套

场合示例5 出席会议/论坛

出席会议或论坛属于比较重要的公开场合，所以如图4-12所示，选择三件套戗驳领双排扣，在规格上，比普通的两件套平驳领单排扣隆重了许多，体现出对于场合的重视，符合仪式感的需求。

颜色方面，选择灰色不仅因为会议论坛大多为白天，灰色是日间时段的标准配色，而且灰色可以平衡戗驳领双排扣三件套的高规格，不会让人感觉过于隆重。同样发挥这种平衡作用的，还有面料和搭配，威尔士亲王格纹的面料雅致大方，富于质感；搭配印花领带添加情趣，很好地中和了高规格形制的严肃调性，不会让人觉得过于古板。

场合示例6 经销商大会

这是一个重要性高、仪式感强的场合，所以如图4-13所示，选择了高规格的戗驳领双排扣套装。颜色方面，依然选择灰色，不仅因为灰色是日间时段的标准配色，而且灰色套装比深色套装更有亲和力。经销商是重要的合作伙伴，这样的着装，既体现出尊重，又能拉近距离。

同时，这套造型没有出席会议或论坛的三件套西装那么隆重，面料和搭配方面更为简洁。竖条纹凸显理性精神，标准的白色衬衫，配珊瑚色领带，没有搭配口袋巾而是采用了更为小巧的领针或领花，体面又务实，适合与经销商近距离沟通。

图4-13 灰色戗驳领双排扣两件套

场合示例7 竞标/提案

图4-14中的藏蓝色套装稳重大方，符合竞标提案的社交严肃性。竖条纹增加了面料的细节和层次感，能够在净色西装中显得与众不同，而且条纹本身也是做事可靠、富有条理的象征。这套着装的亮点来自领带，撞色不仅增强了视觉效果，而且珊瑚色富于中国吉祥寓意，有种幸运加持力。

当然，有些偏创意类的竞标或提案不必穿得如此严肃，可以更加松弛、个性化。但是，整体来讲，竞标或提案场合的核心是专业可靠，适度个性，便于形成记忆点；如果有个人的幸运服饰、幸运色也可以尽量安排，发挥积极的心理暗示作用。

图4-14 藏蓝色条纹西服套装

图4-15 灰色西服套装

场合示例8 拜访客户/投资人

拜访属于客场，仪式感较宴请客户或投资人略低一些，考虑到拜访大多为日间，所以图4-15这套西装采用了日间的标准配色：灰色。两件套比起三件套，更为利落简洁和舒适，方便拜访走动。

在颜色方面，礼帽与浅棕色衬衫和棕色波点领带形成呼应，礼帽自身也具有一定的功能性，在拜访时可以遮光保暖；同时作为配饰点缀，也凸显了着装者的个性和时尚度。

此造型，如果除去帽子，换一条素色或条纹领带，也可适用于日常出席会议。

图4-16 石英蓝西服套装

场合示例9 宴请客户/投资人

这个场合的社交属性较客户拜访略高一些，考虑到宴请大多为晚间，所以颜色以深色为宜。

但是宴请客户一般围坐一桌，距离比较近，如果颜色太深，会显得拘谨。图4-16的石英蓝套装，明度较一般的深色套装高一些，面料也更有光泽度，整个造型庄重又不失亲和力。

由于宴请的场合脱离了工作环境，因此在搭配方面，此造型采用立领衬衫，同时用马甲来填补不系领带的空缺，加上印花口袋巾，不落俗套，富于新意。

场合示例10 商务谈判

商务谈判场合相对比较私密，不需要很强的仪式感，但是比起大场面的社交场合，在面对面的谈判中，着装发挥的作用反而更为重要。

图4-17这套浅灰色戗驳领西服套装采用了比较标准的日间配色，浅灰色给人的整体观感是平和内敛，但是戗驳领西装自带气场，所以柔中带刚；内搭的条纹衬衫，是思路清晰、严谨缜密的象征。

图4-17 浅灰色戗驳领西服三件套装

场合示例11 媒体采访

通常，媒体采访往往安排在活动现场，无须额外准备一套造型。如果是专门安排的媒体采访，可以参考图4-18。

一般来说，媒体采访不宜穿得过于复杂，繁复的着装容易分散注意力。同时，浅色较深色更适合上镜，深色有时在画面中容易显得严肃。所以，图中这套蛋白灰色戗驳领两件套恰到好处，戗驳领具备仪式感，单排扣简洁大方，蛋白灰色高级又衬肤色，而栗色的印花领带不仅与口袋巾、鞋子形成呼应，而且通过色彩的反差达成画龙点睛的效果，将视觉重点引向面部。

如果想进一步提升优化，可以在这个造型基础上更换衬衫，出镜采访尽量不穿条纹、格子，避免画面出现摩尔纹。

图4-18 蛋白灰色戗驳领两件套

图4-19　橡木棕色戗驳领两件套

场合示例12　参观学习

在众多商务社交场合中，这是重要性比较低、仪式感也相对比较弱的一个场合，所以着装规格也相应降了下来。

如图4-19所示，这套橡木棕色两件套虽然采用了戗驳领，但是搭配了贴袋的设计，融入了休闲元素。同时，内搭换成了毛衫，没有衬衫、领带的拘束，可以有效提升身体的舒适度。而在舒适放松的同时，搭配的杏色礼帽和口袋巾形成色彩呼应，不仅提亮整体造型，而且表现出一种精致感，既有休闲的味道，又不会过于慵懒随意。

图4-20　卡其色戗驳领双排扣单西

场合示例13　公司例会

通常，公司例会在日常办公场合中，参与人数是最多的，而形式往往是一个人或几人在上，而多人在下，以传达信息为主，互动交流和讨论都比较少。图4-20可以作为台上发言的着装参考，戗驳领双排扣单西配领带，整体较为庄重，适合规模较大的公司例会，能够增强发言的分量感。

同时，卡其色单西不像套装那么严肃，且改良了款式，上袋改为贴袋，下袋虽有翻盖，但装饰了与衣身同款的纽扣，有点猎装的味道，整体上比较干练。领带与裤子也实现了色彩的呼应，体现出搭配的用心。

场合示例14 项目会议

一般来说，项目会议的参与者多为公司内部与项目相关的人员，着装比较务实，不追求仪式感。而且这种场合以讨论为主，互动较多，要注重亲和力，不要有拒人于千里之外的感觉。

可以参考图4-21这样的造型，灰色单西，儒雅大方。下面搭配橄榄棕色裤子，舒适休闲。值得一提的是，领花和口袋巾的一抹互相呼应，凸显出轻松办公不是随便乱穿衣，在搭配和细节上用心，能够提升着装的层次感与品位。

图4-21 灰色单西

场合示例15 处理常规工作

对于多数人来说，这是最高频的着装场合，也是日常办公的主场景。基本上，典型的情境就是在自己的工位或办公室处理工作，没有太多面对面的社交。这样的场合，体面舒适，可以参考图4-22，款式方面选用最普通的平驳领单排扣西装，采用日间标准色：灰色。贴袋设计比较休闲，内搭同色系的衬衫，不系领带也依然干练有型。再搭配橄榄棕色的裤子，没有配饰，简单利落，整体形象低调务实，沉稳可靠。

图4-22 灰色平驳领单西

图4-23 白色西服三件套

场合示例16 生活社交

图4-23的这个造型虽然用了规格比较高的戗驳领三件套的形制，但是白色比较生活化，所以相对于深色套装而言，属于做了降调处理。

其实，这种通身的白色很有视觉吸引力，但是它也比较挑人，需要一定的时尚驾驭功力。

整个造型比较显气质，但是不一定适合工作场合。反而用于社交生活，能够产生不俗的效果。特别是细条纹衬衫和绿色印花领带的搭配，时尚清新。再加上礼帽，造型比较完整。如果搭配进阶，还可以换一双更有休闲气质的乐福鞋。

图4-24 细条纹单西

场合示例17 生活休闲

图4-24这款细条纹单西采用了夏季的经典材质：泡泡纱面料，舒适又雅致。内搭的浅蓝色衬衫让整体造型的规格升了半级。所以，如果不戴礼帽，它也可以成为日常办公的着装。而搭配了礼帽，依然可以适用于差旅。

当然，这套造型在生活场合中会更加自在，不论是咖啡馆小坐，还是来一场说走就走的度假旅行，都可以轻松胜任。最别致的地方在于印花口袋巾，紫色包边像鸢尾花，不仅造型如花般绽放，而且和西装条纹的丁香灰色有一种呼应和提亮的关系，小小巧思装点出满满的生活情趣。

03

场合着装规则与建议

前面围绕场合地图，针对一些具体的情景进行了着装示例。这部分再从国际惯例的角度展开一些规则讲解和着装建议。如表4-3所示，着装规则Dress Code比场合地图的限定性更强，什么场合，穿什么衣服，它有一套规则体系。

表4-3 场合着装规则体系

Dress Code 着装要求	级别	时间	关键词	适用着装
白领结	正式场合	晚间	严谨	燕尾服
晨礼服	正式场合	日间	复古	晨礼服、董事套装
黑领结	半正式场合	晚间	有型	无尾礼服/塔士多
鸡尾酒会礼服	非正式/半正式场合	日间/晚间	多变	梅斯、董事套装、深色套装
商务套装	非正式场合	日间/晚间	兼顾	深色套装、西服套装
便装	非正式场合	日间/晚间	舒适	商务休闲、体面休闲、休闲
主题着装/创意着装	非正式/半正式场合	日间/晚间	个性	花式塔士多/视具体主题而定

在这个体系里，有相当一部分属于礼服，有些读者可能觉得这些内容离日常生活比较远，可以酌情跳过（例如，白领结、黑领结、晨礼服部分）。但这些内容是国际惯例中不可或缺的，而且除了礼服场合，无论是去看阿斯科特赛马会，还是去温布尔登看

网球赛，都需要了解一些着装规则。所以，这个规则体系可以说是场合着装的进阶版本。

白领结：第一礼服　严谨担当

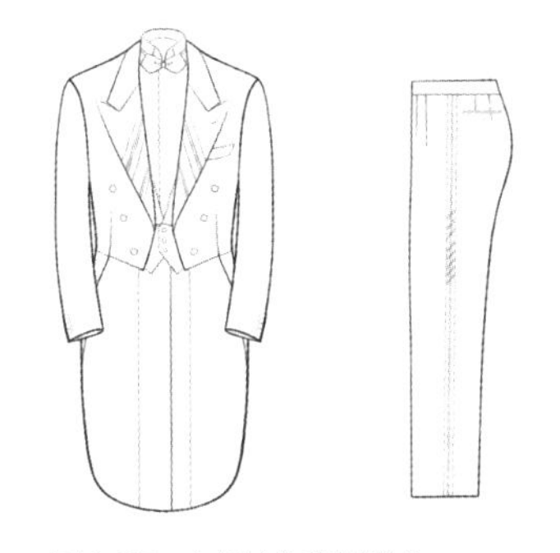
图4-25　白领结的着装样式

图4-26　翼领衬衫

通常，请柬上的着装要求（Dress/Dress Code）写有“White Tie”字样，这是正式场合（Formal）的一种说法。

从形制上来看，所谓白领结对应的就是燕尾服（Swallow Tailed Coat，又称Tail Coat），二者是一种固定组合，白领结是燕尾服必不可少的搭配（图4-25）。

一般来说，配白领结的燕尾服，内搭为翼领衬衫（Wing Tip Collar，又称燕尾领、燕子领，前胸带硬衬，法式单叠袖，如图4-26所示）。而下面配两道黑缎带侧缝装饰的直筒裤，黑色漆皮鞋。作为有着百年传统的全晚礼服（Full Evening Dress），白领结的规则是在18:00之后穿着，它是绅装最为隆重的一种表现形式。

一百多年来，白领结的着装规范保持着固定的组合，基本没有什么太大的变化。只是现在，它几乎已经淡出了日常的社交，主要被用于高级别的礼仪场合和一些表演性的场合。前者如西方一些国家首脑的就职、授勋、颁奖典礼活动，君主、国家领导人、大使馆级别的官方晚宴；后者如高规格的古典音乐会、交谊舞比赛。当然，也有一些晚间婚礼、非常正式的大型舞会或晚宴等场合，也会采用这样的Dress Code。

一般来说，如果是担任交响乐的指挥，或者是作为获奖者，参加诺贝尔奖这种级别的颁奖仪式，白领结的组合还需要搭配白色的马甲。例如，我国作家莫言在2012年荣获诺贝尔文学奖，他的瑞典之行也曾经穿着中山装、西服套装等不同服装亮相，但是在颁奖典礼上，他按照白领结的规则，穿着了燕尾服，还搭配了白色马甲。不过，同台领奖的其他获奖者，他们穿着的白马甲是三粒扣，而莫言的内搭白马甲为四粒扣。当然，四粒扣的白马甲也不算违规，在英剧《唐顿庄园》以及拉夫劳伦（Ralph Lauren）2022秋冬秀场，都可以看到这种四粒扣的白马甲，只是在诺贝尔颁奖典礼的现场，会稍显不同。

可能有人会问：有必要这么关注细节吗？的确，有时候我们看一些影视作品、演出庆典，似乎也有燕尾服出现，好像穿起来也没那么严格，那种主要是为了演出效果和娱乐。在真正的社交场合，特别是国际社交场合，白领结的要求还是非常严谨的，它代表着绅装规则体系的正统性和严肃性。

当然，对于大多数国人而言，可能没什么机会出席这么高规格的社交场合，但是婚礼作为特殊的生活场合，想要追求仪式感，可以考虑第一礼服。只是各地婚俗不同，参考国际惯例，如果是白天举行婚礼，可以选择晨礼服；如果是晚间举行婚礼，可以选择燕尾服（图4-27）。

图4-27 燕尾服是晚间场合的第一礼服

黑领结：精致有型　出镜率高

当请柬上的着装要求（Dress/Dress Code），写有“Black Tie”字样，这是对于半正式场合（Semi-Formal）的要求，对应的是无尾礼服（英国叫Dinner Jacket，美国叫Tuxedo，图4-28）。

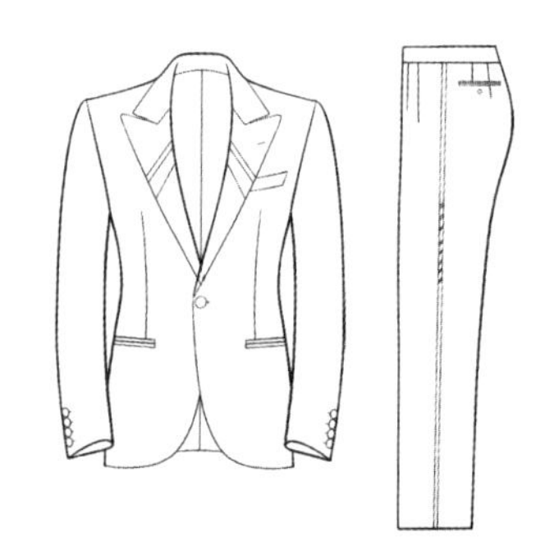

图4-28 黑领结的着装样式

半正式场合听上去好像不是那么严肃，但其实这才是最常见的礼服应用场景。前面第一章介绍过，当年英国萨维尔街的亨利·普尔，为了让爱德华七世在晚餐后能舒舒服服地坐下来，裁去了燕尾服的燕尾，由此开创了一种新型样式，并逐渐发展成一种正式的礼服：无尾礼服。

在美国，由于绅士们喜欢聚集在纽约市郊的塔士多公园（Tuxedo Park），他们也做出了类似的无尾礼服，并以“塔士多”来命名这款礼服。如今，既舒适又优雅的无尾礼服被广泛应用于各种晚间场合（18:00之后）：正式晚宴、舞会、颁奖典礼、鸡尾酒会、古典音乐的演出与观赏活动，以及在晚间举行的婚礼。

无尾礼服主要有英式、美式和法式三种。英式和美式通常都是单排扣，区别在于领型：英式是戗驳领，美式是青果领。而法式与英式的领型相同，只是采取了双排扣的形式。作为正式礼服，不论哪种领型，领部通常都采用缎面。除非礼服整体选用了丝绒面料，这种情况下，领部可以同质同色，不用单独做缎面。而在搭配方面，单排扣无尾礼服必须搭配腰封或者马甲（图4-29），

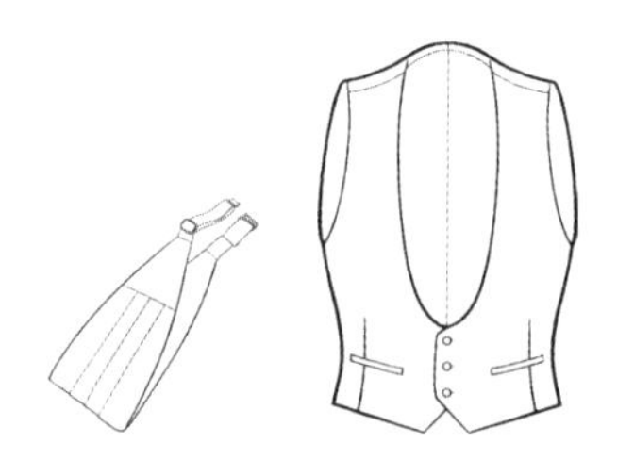

图4-29 无尾礼服搭配腰封或马甲

图4-30　无尾礼服搭配的礼服衬衫

不系腰带而是用背带。

一般来说，无尾礼服的颜色是黑色或深蓝色，如果是夏季，可以穿白色。内搭的衬衫大多是企领（普通衬衫领型），前胸风琴褶，法式双叠袖的礼服衬衫（图4-30）。

比较而言，黑领结的场合是当下出镜率最高的，不论是美国的奥斯卡，还是英国的学院奖，在各大颁奖典礼的现场，男士穿着最多的就是无尾礼服（图4-31）。

图4-31　无尾礼服是各大颁奖典礼上最常见的着装（图片来源于网络）

说到颁奖典礼，特别值得一提的是，像法国戛纳电影节、意大利威尼斯电影节、美国大都会博物馆服饰特展开幕（Met Gala）这样的红毯活动，虽然是在日间（18:00之前），但不论是走红毯的嘉宾，还是两旁的摄影记者，大多佩戴黑领结，这也算是一种奇观，将无尾礼服推向当代男士礼服的高峰。

分析起来，这些影视艺术节，包括国内的一些盛典活动，在类似走红毯的环节，即使是日间，也经常出现男士穿着无尾礼服或塔士多的情况。一方面，这些活动的时间比较长，往往从日间持续到晚间。另一方面，黑领结有种超出日常套装的正式与精致感，的确有其特殊的魅力。

不过，也有一些活动，可能达不到这么高的规格，所以会在请柬上出现诸如“无尾礼服最佳，也可自选着装”的情况。这种时候，可能是主办方对来宾的着装没有把握，甚至担心来宾没有相应的服装，或是因为不愿按规则着装而拒绝出席，所以才会给出这种模棱两可的说法，其实这样的Dress Code反而会引起更大的困扰。

如果遇到这种着装要求，它往往意味着与黑领结相比，即使穿着无尾礼服，也要相应降低着装的规格。例如，去掉黑领结，或者将黑领结换成黑色的缎面领带；将黑色漆皮鞋换为丝绒鞋面；甚至可以将整套无尾礼服换为丝绒材质；或者对无尾礼服进行一些混搭，比如不同色或不同质，但是整体保持协调性。综合来看，这些变化可以在保持传统着装规范的前提下，为整体造型增加一些时尚气息，缓冲无尾礼服的正式感。

晨礼服：日间礼服　传统复古

当请柬上的着装要求（Dress/Dress Code），写有“Morning Dress”字样，这是对于日间正式场合（Formal）的要求，首选晨礼服（Morning Coat），见图4-32。

图4-32　晨礼服的着装样式

前面说到一些日间的红毯活动，其实日间活动（18:00之前）是晨礼服的主场景。像英国王室近年来的两次大婚（威廉王子和凯特王妃、哈里王子和梅根王妃），在请柬上的着装要求（Dress）中，都明确印有制服（Uniform，两位王子大婚时都是身穿军礼服，这是欧洲王室的传统）、晨礼服（Morning Dress）或西服套装（Lounge Suit）的字样。

虽然都是有尾礼服，但是晨礼服和燕尾服有着不同的形制。燕尾服是在前腰节处水平向两侧裁断；而晨礼服的原型是骑马服（Riding Coat），所以它的前门襟是从高腰节处，向斜后方裁下来。今天，我们依然能在英国皇家赛马会（Royal Ascot）上一睹晨礼服的风采。与晚礼服和塔士多上下同色的形制不同，晨礼服有着黑色上衣与深灰色条纹裤子的醒目搭配，通常内搭灰色或奶油色双排扣礼服背心。此外，晨礼服还以搭配阿斯克领巾（Ascot Scarf）而显得与众不同（尤其是赛马会上，领巾最佳，也可配领带）。有时候，一些观看赛马会的男士还会搭配一顶礼帽，颇具复古风情。

整体来看，晨礼服作为日间第一礼服，目前主要出现在一些欧洲和日本王室，以及日本内阁的日间活动中。对于普通人来说，最有可能接触晨礼服的场景就是婚礼。其实，民国时期曾经流行西式婚礼，晨礼服是当时的热门选项。所以，现代的日间婚礼，如果选用晨礼服，不仅别致，而且有种民国复古风情。

鸡尾酒会礼服：灵活多变　见机行事

鸡尾酒会这个场景源自20世纪20年代，当时上流社会的人们盛行在正式晚餐开始前，喝一点餐前酒。从时间上来看，鸡尾酒会正值日间和晚间活动的交替之际（18:00前后），所以当时，它的着装规则，也是介乎于日间正式的着装与晚间华丽的着装之间。

今天，如果收到的请柬上面只印了鸡尾酒会礼服（Cocktail Attire）这几个字样，是很难简单地做出着装决定的。一方面，现代鸡尾酒会有餐前、餐后两种，要判断着装的规格，需要把具体的活动主题、情景因素考虑进来，如活动属于工作社交还是生活社交，地点是在酒店还是在私人花园，甚至包括主办方的信息，邀请者本人是传统保守还是前卫新锐，这些信息决定了这场鸡尾酒会是典雅隆重还是轻松休闲，是相对严肃的商务交流还是比较放松的浅酌小聚，又或者是热闹的狂欢派对（After Party）。这些大相径庭的因素，才是选择鸡尾酒会礼服的关键。

如果是相对正式的场合，可以穿着无尾礼服，夏季用梅斯（Mess Jacket）代替；如果是比较轻松随意的场合，时间在18:00之前，可以选择董事套装（Director’s Suit）；而在18:00之后，可以选择深色套装（Dark Suit）。

梅斯（Mess Jacket），又叫伊顿夹克（Eton Jacket），一般为白色的无尾短上衣（图4-33），基本上是燕尾服在腰线部分裁去燕尾，有英式、美式与法式三种，三种式样的区别与无尾夹克如出一辙。

图4-33　梅斯的样式

梅斯最早是驻南非的英国陆军军官，他们在会餐时作为礼服上衣穿用，后来流传至民间，成为夏季的半正式晚礼服。之前有场名人的婚礼，因为是在初夏时节的巴厘岛，所以新郎就选择了白色的梅斯作为婚礼服。

现在穿着梅斯出席社交活动的人比较少，同样的场景，夏季可能会选择白色或浅色塔士多。反而是高级酒店，对梅斯短小精悍的形制情有独钟，它因此被选作服务生制服，成为一种全天候的职业礼服套装。

董事套装（Director's Suit），又译为领导者套装，可以理解为简版的晨礼服，它可以替换所有晨礼服的应用场景，是晨礼服大众化、职业化的产物（图4-34）。

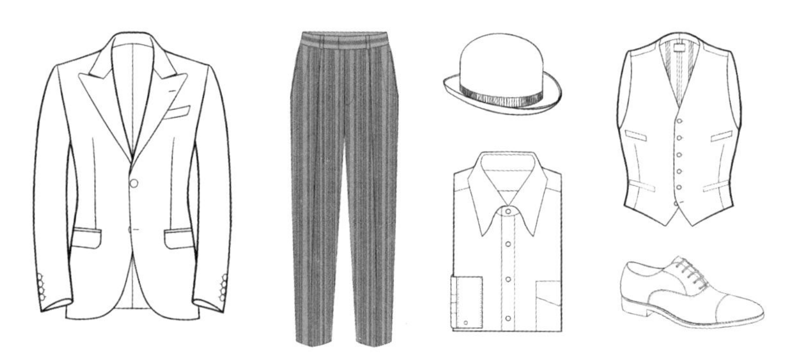

图4-34 董事套装的样式与搭配

董事套装兴起于1900年前后，因为受到威尔士亲王的喜爱而流行。它的上衣为黑色戗驳领单排扣，下身搭配晨礼服的条纹西裤，内搭普通衬衫和普通马甲，一般配圆顶帽和牛津鞋。董事套装一经推出，就因实用性受到企业家们的钟爱，也因此群体而得名。

深色套装（Dark Suit）被视为全天候、国际化的礼服，也是普通人最常见的礼服形式（图4-35），它的应用非常广泛，除了鸡尾酒会，艺术展开幕、晚宴等活动也都适用。

图4-35 深色套装的样式与搭配

深色套装起源于海军制服，它与布雷泽一脉相承，而它的流行则源于温莎公爵。温莎公爵就是曾经的英王爱德华八世，因为坚持与来自美国的辛普森（Simpson）夫人相恋，他最终选择放弃王位，开启了“不爱江山爱美人”的传奇人生。

虽然失去了政治权力，但是温莎公爵意外成为时尚界的无冕之王。他的身材其实比较瘦弱，身高在四兄弟中是最矮的，据说只有不到1.7m。但是，凭借自身的气质品位，他引领了绅装的流行，成就了众多经典。由此可见，懂衣会穿才是绅士着装的核心素质。

深色套装采用双排扣戗驳领，戗驳领作为礼服元素，能够很好地支撑深色套装的功能级别。其实温莎公爵喜欢布雷泽，不过布雷泽原本是搭配苏格兰裤或是卡其裤穿着，而他喜欢穿着套装。于是，他选择个人偏爱的深蓝色，制成套装的形式，由此有了双排扣戗驳领的深色套装。

如今，深色套装依然是绅装礼服的主力，它的颜色介乎于深蓝与黑色之间，所以黑色套装（Black Suit）与其同属一个类型，而深蓝色也是被普遍接受的正色，气质高贵，接近正式礼服的标准色黑色。从款式来看，除了双排扣戗驳领，左胸的手巾袋也是深色套装必不可少的一个小元素。

目前，深色套装分为六粒扣的传统版和四粒扣的现代版；口袋也分为两种：有袋盖和无袋盖的双嵌线口袋。不论是哪种形制，作为套装，它保持着上下同质同色的特点。比较而言，深色套装适用范围广，可塑性强，通过配服和配饰的变化，可以适应日间与晚间的多种场合需求。

- 搭配领结和翼领礼服衬衫时，它可以适用于晚间场合；
- 搭配银灰色或条纹领带与普通衬衫时，它可以出入日间场合；
- 如果替换晨礼服，可以选择董事套装那种灰条纹相间的裤子；
- 如果替换塔士多，也可以选择饰有缎带侧线的晚礼服裤。

需要注意的是，这些替换变通，要区别日间元素与晚间元素，因为日间与晚间的配服、配饰是不可以交叉混搭的。此外，黑色作为深色套装的特例，在选择时要慎重。一方面，黑色最早应用于葬礼；另一方面，黑色的普及源于法国大革命的政治斗争，因此黑色套装不太适合出现在公务和商务活动中，特别是日间的商务谈判、客户拜访，它通常作为低配版的塔士多出现在晚间仪式性的社交场合。

商务套装：功能兼顾　切换自由

通常，请柬上出现商务套装（Business Suit）的字样，并不是指向商务活动，而是出席一些非正式场合（Informal）的说法。所谓“非正式”，是相对于前面的礼服场合而言，商务套装的场合要求介乎于正式礼服与便装之间。作为应对，除了前面提到的深色套装（Dark Suit），还可以选择西服套装（Lounge Suit）。

西服套装是最常见的西装形式，在第三章曾经做过重点介绍，它能够适配多种场景，可以说是公务、商务人士必备的着装。西服套装的标准配置是衬衫，原则上出席“商务套装”要求的场合，还要系领带，最常用的是净色和条纹领带。袜子要尽量保持与套装颜色一致，灰色套装配灰色袜子，深色套装配黑色袜子。鞋子以黑色牛津鞋为最佳，也可以根据服装的颜色，选择棕色皮鞋。马甲虽不是必选项，但是穿上它，更显成熟优雅，如果脱掉外衣，有它又能保持得体，不失风度（图4-36）。

图4-36　西服套装的样式与搭配

西服套装以灰色最为常见，灰色是日间的标准配色，更适合大型公务、商务会议以及像日间婚礼这类日间的礼仪性活动。同时，西服套装作为常服，在日常办公、商务活动，如客户拜访、内部会议等场景下，也是比较得心应手的。

如果是18:00之后的场合，可以选择深色的西服套装。其实，有不少人入手绅装，都是从深色西服套装开始的，毕竟双排扣戗驳领的深色套装还是没有那么好驾驭。而从实穿性来考虑，对于多数中国男士而言，深色西服套装即使作为礼服，也是可以接受的，所以可以将它视为一种替代性的礼服。

便装：轻便舒适　自由得体

如果在请柬上看到No Dress，千万不要产生疑惑："不穿衣服？"按照着装规则（Dress Code）的约定，Dress是正式场合穿着的服装，因此，No Dress的含义，是不必穿礼服，便装即可。但是何为便装？这个概念其实很宽泛，从商务套装到休闲混搭，这些在礼服体系之外的着装，都可以被看作便装。

比起前面那些规定性很强的场合，限制多倒是不容易出错；便装这种要求，规定性弱，反而不好把握，容易翻车。穿得太正式会显得用力过猛，穿得过于休闲也会与周围格格不入，因此便装的要求，考察对场合的理解与应变能力。

想要减少便装的出错率，一方面可以像前面提到的鸡尾酒会那样，获取更多的场合信息，更好地分析预判着装情境；另一方面，掌握几种主要的便装组合，根据场合需求进行匹配。具体来说，便装也可以划分几个级别，从高到低依次为商务休闲、体面休闲和休闲三大类。

（1）商务休闲（Business Causal），顾名思义，保留了传统商务套装的感觉，又融入个人风格与休闲元素。例如，最常见的变化形式是不系领带（解开衬衫的两粒扣子）；还可以更换套装的用色，尝试更轻松一些的配色。或者，换成亚麻、泡泡纱这类自带休闲气质的面料，从净色换为格纹、人字呢；再或者保持套装，内搭从净色衬衫换为花色衬衫。

商务休闲要在商务与休闲之间找到平衡点，除了上述的调整变化，它也可以直接选用休闲元素，如运动西装布雷泽。像英国的温布尔登网球公开赛，除了对运动员的着装极为严格，对坐在观赛区包厢里的观众，也有着装规定，所以这里常常可以见到布雷泽的身影。作为便装来说，商务休闲的级别相对较高，它其实也可以出入日常办公场合，胜任一些商务社交活动，属于穿着得体但不会过分正式的一类。

（2）体面休闲（Smart Casual），从字面来理解，Smart有衣着讲究、时髦的意思。与商务休闲相比，体面休闲少了商务气息，自由度更大，也更具时尚感。从主服来看，体面休闲以西装夹克为主，又称为休闲西装，它没有成套穿着，下装是自由组合，可以搭配卡其裤、休闲裤，甚至还可以搭配牛仔裤。

此外，和布雷泽不同，西装夹克偏向休闲，从规格上来说，没有什么变通升级的路径。从配服配饰来看，体面休闲的搭配更为灵活，除了前面提到的牛仔裤，夏季的Polo衫、T-shirt，冬季的毛背心、毛衫，以及运动鞋，这些休闲服饰都可以融入体面休闲的搭配（图4-37）。但是，这并不代表体面休闲可以随意穿着，比如，搭配运动鞋，款式要干净利落、简洁，如果款式太过花哨，就破坏了体面休闲的原则。

图4-37 体面休闲：西装夹克的样式与搭配

整体而言，体面休闲能适应部分日常办公场合，它也是很多商务休闲场合的选择，比如团建或是周末时间会见商务伙伴，在保持体面之余，更加舒适；在大方得体的同时，能够凸显个性与品位。

（3）休闲（Casual），在一些便装场合，是可以彻底放弃西装元素，选择完全休闲的着装。例如，可以格子衬衫配牛仔裤；可以穿卫衣、毛衣、开衫。但是，休闲到什么程度，还要具体问题具体分析。如果从英国王室的角度来看，有领衬衫搭配斜纹棉布裤基本上已经是最休闲的配置了，牛仔裤甚至都不曾出现在公开场合中。所以，如果在请柬上写明便装（No Dress），稳妥起见，还是不要太过休闲。毕竟是社交场合，类似帽衫、破洞牛仔以及街头风格的休闲服，尽量不要穿，一些比较夸张的款式和配色也要慎用。

主题/创意着装：闪耀个性　追求创新

随着时代的发展，现在很多活动请柬上还会出现主题着装或创意着装的要求。例如，美国大都会博物馆一年一度的服饰特展开幕式（Met Gala）近年来都会根据展览主题，提出着装要求（Dress Code），比如2019年的坎普风（Camp）、2022年的镀金魅力（Gilded Glamour）。而一些公司年会、品牌活动、私人聚会也开始喜欢上这样的主题着装或创意着装要求，如红色主题（要求所有来宾都要多少带有红色元素）、年代主题（复古风）。此外，年轻人还喜欢化装舞会、万圣节聚会这类主打角色扮演（Cosplay）性质的活动，以及睡衣派对这种狂欢性质的聚会。这些五花八门的活动，其着装要求充满创意，挑战参与者的想象力与穿搭功力。

其实，从传统的着装规则来看，塔士多礼服本身也有一个小分型，叫作花式塔士多（Fancy Tuxedo），不妨借鉴一下，启发思路。花式塔士多是非正式场合的着装，带有娱乐性质，一般被演艺界和年轻人所推崇。它混搭了礼服的样式与个性化的创意，通常在色彩、面料材质、图案和搭配上进行大胆创新，如丝绒面料、印花或刺绣塔士多；或是传统塔士多搭配花式领结，银色的鞋子……

图4-38这套花式礼服，采用黑色丝绒面料，领部和包扣、包边选用另一种材质，形成富有层次的碰撞。内搭的白色衬衫，挺括利落，不会喧宾夺主；花色领巾有一种松弛感，和口袋巾形成呼应，整体造型儒雅得体又不乏风趣幽默，有一种舒适自洽的高级感。

总体来看，主题着装或创意着装的着装要求一般出现在非正式场合或者是演艺、文化创意类活动中，它没有固定标准，不受传统规则的限制，唯一的规则就是要符合主题与现场气氛。对于本身就喜欢创新尝试的人来说，这是发挥个性、凸显自我的好机会。但是，对于那些比较传统保守的人来说，这个着装主题需要一点自我突破的精神，才能享受到着装的乐趣所在。

最后，主题着装或创意着装虽然崇尚创新与个性，但它并非毫无规则。首先，它需要参考一般的着装规律，比如着装的亮点不要太多。其次，创造力、想象力、趣味性都要以审美为基础，不能为了夺人眼球而哗众取宠。最后，创意元素的选取要尊重地区、民族、宗教的禁忌，不要触及敏感话题，不能带有歧视和偏见。

图4-38 黑色丝绒套装

着装规则的传承与变迁

前面对不同着装要求进行了梳理和示例，最后回到Dress Code原点。在电影《王牌特工》中，有一句经典的台词，“Manners make the man”，礼仪造就人。其实，这句话是英国温彻斯特公学的校训。作为英国九大公学的发源地，温切斯特公学最初的理念是，不论什么出身的人，经由礼仪的学习熏陶，都可以被培养成绅士。今天，在这所古老的公学里面，十几岁的孩子还延续穿着绅装的传统。

什么场合对应什么样的服装，这既是着装规则的学习和实践，也是潜移默化，培养人的品格与价值观。所以，早期的着装规则被精英阶层视为一种社会教化和社交仪礼。而英国正是这套规则的发源地，这既是基于工业化、现代化的时代需求，也是英国曾经辉煌一时的某种象征。

作为有史以来最大的殖民国家，号称“日不落帝国”的英国，一度创下世界纪录，统辖全球近四分之一的土地和人口。而英国的绅装体系也随之被推广到全球，伦敦成为男装定制的策源地和时尚风向标。直到20世纪，美国、德国等后起之秀随着工业化相继崛起，而殖民地则掀起自治与民族独立运动，大英帝国最终被英联邦取代。从这个政治经济的大背景来解读绅装规则，再结合第一章的绅装历史与第二章曾经介绍过的几种主要的绅装版型，可以看到着装规则的背后，实际上是一种话语权。

英国曾经的辉煌以及全球影响力，奠定了现代的绅装规则体系。日本是对这个体系进行模仿、梳理和传播的重要推手。而美国从亦步亦趋地跟随英国体系，到以实用主义推动这个体系的改良，逐渐确立自己的影响力。至于意大利，作为在时尚产业与文化艺术领域都拥有丰厚历史遗产的国家，它是推动绅装体系时尚化的重要力量，在某种程度上，打破了既有的一些着装规则。

所以，站在21世纪的当下再来看绅装规则体系，可以看到，全球化时代背景下，依然需要以国际惯例和着装规则来维持沟通交流的秩序。绅装规则的底层逻辑依然存在，场合着装的概念始终发挥着作用，但是从表现形式来看，它正在从传统走向现代。

放眼全球，目前世界上还有二十几个国家保留了君主，半数以上在亚洲和非洲。而亚非地区除了日本王室采纳了英国的绅装形制、规则，其他国家主要是以民族服饰作为礼服，也有一些会穿着西服套装。传统意义上的第一礼服，主要是几个保留了王室的欧洲国家在维持穿着。而在正式礼服中，晨礼服也几乎退出了绝大多数男士的衣橱。作为晨礼服简版的董事套装，现在也比较少见；反倒是无尾礼服/塔士多，相对比较常见。

普遍来看，随着时代的发展，原有的场合着装规则相对放松了，以至于国际上甚至出现了一种“男士着装规则已死”的声音。不可否认，着装规则的整体发展趋势，是实用主义占上风。我们甚至可以大胆预测，未来第一礼服有可能演变为一种特定礼服，只适用于一些特殊的人，出现在一些特殊的场合。

但是，不论时代如何变化，就像汽车取代了马车，道路行驶依然要有一定的规则。在着装问题上，规则放松不等于没有规则。Dress Code规则体系的核心，是用场合化思维来指导着装行为，最终通过合宜得体的服装选择与搭配，体现着装者的社交智慧，展现个人品位，实现成功的形象管理。所以不能无视规则，把无知当个性，更不能搞“无知者无畏”，随意乱穿衣。

所谓的变与不变，场合着装与时俱进，它作为一种方法论，不会过时。夏奈尔女士曾经有一句名言：流行易逝，风格永存。女装流行变幻莫测，但是风格相对稳定。对于男装而言，规则迭代，原则不变。今天，我们可以将TPO原则视为底层逻辑和着装策略，不论什么场合，从最基本的三要素出发去分析应对；而Dress Code可以理解为着装主题，是从款式、色彩、风格方面提出的着装要求，以此来保持场合的仪式感和氛围感。

综合来看，着装形式在不断变化，但是着装规则的底层逻辑具有延续性和稳定性。当下，全球化的沟通交流仍然需要相对统一的规则秩序，而本土化情景也需要特别予以关照和考虑。为此，在本章的最后，我们以婚礼为例，结合中西方服饰，展开专题探讨。

04 婚礼专题

很多人入门绅装，是从婚礼开始的。婚礼属于生活社交类场合，由于各地风俗不同，它带有鲜明的地方特色。

婚礼的场合分析

在国人的观念中，婚姻乃人生大事，婚礼是重要的人生仪式。

不过，它并非一场持续几小时的宴会，而是一系列的过程。从求婚、订婚，到拍摄婚纱照、举行结婚典礼；有些地方，典礼过后还有回门宴；而有些人又喜欢在这个过程中加入一些西方的习俗，例如，在婚礼前举行单身派对（Bachelor Party），在婚礼后举行狂欢派对（After Party）。

而在婚礼当天，这个仪式的过程也往往被分成接亲、典礼、宴会、闹洞房等不同的环节，所以婚礼相关的场景比较多样化。同时，婚礼的参与人数较多，除了新郎新娘作为主角，双方父母也是备受关注的场上人物，而主持人、伴郎伴娘、发言嘉宾也是各司其职，都需要与身份、角色相符的着装（图4-39、图4-40）。

为此，有经济实力的人会通盘考虑，例如，整体打造包括新郎的系列着装、伴郎团的服装和双方父母的着装，甚至全部采用定制的方式去完成。这样，每个人的着装既合身得体，又能构建出层次分明的角色关系。而不具备这样条件的新人，可以运用场合地图中的“重要性—仪式感”坐标来分析这些不同环节和情境，通过采用ORS工具，按照“目标—规则—解决方案”的思路来自主选择服装，并设定好婚礼请柬的Dress Code。

图4-39 婚礼上新郎新娘与双方父母

图4-40 伴郎团统一着装

例如，典礼是重要性最高、仪式感最强的场合，对于新郎来说，它的着装规格，是给整个婚礼的全流程，甚至所有出席者定下基调。如表4-4所示，根据预算条件、目标设定和场地氛围，新郎的着装有着不同的规格款式可供参考。

表4-4 新郎的典礼着装款式参考

预算条件	目标	场地和氛围	着装规格	款式建议
预算充裕	复古浪漫	西式宴会厅/草坪婚礼	大礼服（第一礼服）	18:00之后：晚礼服 18:00之前：晨礼服
	与众不同	西式宴会厅/草坪婚礼	正式礼服	塔士多（黑/白）
标准型	经典实穿	西式宴会厅/草坪婚礼	标准礼服	深色/浅色套装
经济型	变通百搭	西式宴会厅	替代性礼服	深色/浅色西服套装

相比较而言，前面两个款式，着装的规格级别高，可以营造比较独特的婚礼体验，对于其他男宾的穿着，也给予了更多的选择空间。但是，除了在婚礼上穿着，这两类服装可能没有太多的用武之地，大多只能收藏保存。所以，对于很多人而言，变通着装规格，选择标准礼服和替代性礼服，更贴合他们的生活实际。建议后两种选择，在预算允许的条件下，可以优先考虑定制西装，不仅更加合身，能够提升新郎的个人形象，而且可以增加仪式感，增强婚礼的体验。

除了新郎的典礼着装，新人的父亲通常也是需要考虑专门置装的人。一般来说，父亲的形象以稳重大气为主，规格上以深色西服套装居多（图4-41）。而主持人的服装，具有一定的表演属性，可以更多样化一些，选择深色套装甚至花色塔士多，都是适宜的。至于上台发言的嘉宾，也需要讲究自己的仪容仪表，但是不一定要为此专门购置服装。

图4-41 新娘父亲：深色西服套装

至于伴郎的服装，这是最需要斟酌的。一般来说，去参加婚礼，男宾都不宜穿着比新郎规格级别更高的服装。如果新郎穿了深色西服套装，其他人最好不要穿戗驳领双排扣的深色套装；如果新郎系领带，来宾最好就不要系领结，不能喧宾夺主。而伴郎的服装尤其需要注意这一点。有一些婚礼，新郎是定制西装，选用西服套装的形式；而伴郎是租借的服装，反而穿起了塔士多，就比较违和。

如图4-42这样的组合，新郎穿着深色套装搭配领结，不仅满足了仪式感的需求，与伴郎的西服套装形成区别；而且日后深色套装还可以搭配领带，或是作为单西来穿着，有比较强的变通性，属于经典实穿的类型。

其实，从上面这个示例中也不难看出，除了着装的规格款式，色彩、材质和搭配也是影响新郎着装级别的因素。像户外婚礼中常见的白色，不论是塔士多，还是戗驳领双排扣，甚至是最普通

图4-42 标准礼服：深色套装

的平驳领单排扣，只要是白色，都会显得与众不同。不过，和晚礼服、晨礼服的情况类似，在婚礼过后，白色的西装利用率比较低，大多是被保存收藏，留作纪念。所以，建议预算有限的读者，可以考虑在婚纱照拍摄环节，尝试白色婚礼服。或者选择在婚礼当天，以租借的形式来穿着白色西装。

说到婚纱照的拍摄，它和婚宴一样，都是需要认真思考准备的场合，在重要性和仪式感方面是次于典礼的。比较而言，它们有着不同的需求，婚纱照的着装，一般来说，更富于戏剧性，选择面非常广，大多可以租借；而宴会的环境，觥筹交错，可以适当放松，服装更日常化一些，要便于行动。

对此，很多新人会考虑加入中式礼服。一般在典礼时刻，新人以西式礼服居多，新娘穿婚纱，新郎穿西装。而在宴会环节，如果新娘换上便于行动的旗袍或者是西式小礼服，新郎可以继续穿着西服。建议这种情况下，另换一套西装，可以和接亲场景共用一套，在款式、面料等方面，适当降低着装的级别，更舒适亲和，一旦弄脏也更好处理。

而新娘如果在典礼或宴会环节选择中式礼服，新郎应与新娘保持风格统一，也更换为中式礼服。如图4-43这套中式礼服，属于新唐装，吉祥喜庆，符合中国人的婚礼习俗与场合需求。

至于婚礼的其他相关场合，一般来说，求婚的气氛比较浪漫，订婚大多属于小型私人聚会性质，这两个场合都是可休闲也可正

图4-43 婚礼服：吉祥喜庆的中式礼服

式，但不必过于正式。像西服套装配衬衫不系领带，或是单西，都是比较不错的选择，既表现出对场合的重视，又不会显得严肃呆板。如果是第一次见双方家长，可以穿西装，显得稳重可靠，但是颜色要控制好，不宜太深，太深容易有距离感。至于典礼过后的回门宴，如果典礼和宴会是两套西装，可以选择宴会那套，更为日常化一些。至于西方习俗中，婚礼前后的单身派对和狂欢派对，这有点类似于中国的“闹洞房”习俗。这类场合比较放松，可以穿得更为休闲一些。如果气氛热烈，反而不建议穿西服，不仅是对服装的体恤和保护，而且行动起来，也更为自由一些。

实用婚礼服搭配建议

如前所述，大礼服和正式礼服的穿着使用率比较有限，白色礼服和花式塔士多也有类似的问题，而标准礼服和替代性礼服，除了款式规格，在面料、色彩和搭配方面，有很多变化调节的空间，所以更为实用。

如图4-44这套平驳领单排扣三件套，它比作为标准礼服的深色套装更为日常化。选作婚礼服，三件套的形式将西服套装的款式级别拉满。同时，搭配了酒红色领结，领结是礼服元素，不仅提升了造型的级别，而且与同色的口袋巾遥相呼应；内搭的粉色衬衫更符合中国婚礼的喜庆气氛；心形的领花精致有爱。

整个造型用满满的细节表达对婚礼的重视，将西服与中国婚礼习俗结合得相得益彰，虽是常服款式，但是着装效果不输礼服。

而在婚礼之外，这套西服的变通性非常强。如图4-45所示，将红色领结换成蓝色条纹领带，内搭的衬衫换成白色，口袋巾也调换为低调稳重的蓝色系，马甲去留皆可，就是标准的职场着装，拜会客户、出席论坛或会议都不成问题。

如果去除领结、马甲、口袋巾，内搭的衬衫换成浅蓝色系，解开领口，再将西裤换为深蓝色牛仔裤，就是一套体面又休闲，适合便装星期五的轻松办公装束如图4-46所示。如果去除领结、马甲、口袋巾，内搭衬衫换成白色圆领T恤，西裤换为深蓝色牛仔裤，再配上一双简洁的小白鞋，就是纯休闲的感觉，可以变身

图4-44 替代性礼服：深色西服套装

图4-45 西服的职场搭配图

图4-46 西服的休闲搭配图

为行走的潮男。

所以，综合来看，对于新郎来说，预算充裕又想与众不同，可以考虑大礼服和正式礼服。而追求实穿性，可以选择标准礼服和替代性礼服：深色套装或西服套装。后者得体又富于变通性，通过搭配变化，基本上可以满足各种仪式性场合的需求，又可以在日常工作与生活中继续穿着，具有较高的使用率。

中式风格：融入现代生活

前面谈到婚礼上的中式服装，其实除了唐装，还有一些其他的选择。随着中国传统文化的复兴，中式场合也逐渐回归人们的生活，从国学课到民乐会，从围炉煮茶到雅集小聚，由此产生一些对于中式风格的着装要求，在此借婚礼专题，一并展开来谈一谈。

中国素有“衣冠王国”的美誉，五千年的中华文明，在服饰与礼仪方面可谓博大精深、源远流长。所以，真要细说中式风格，一本书都写不完道不尽。以清朝为例，当时的服饰分类，不仅是礼服与常服，而是分为六大类：礼服（重大典礼及祭祀）、吉服（重大节庆、筵宴及祭祀前后）、常服（祭祀、斋戒）、行服（狩猎、骑射）、戎服（军事活动）和便服（日常生活）。

其中，礼服也不像英制那样简单地以日间和晚间来划分时段，而是按季节、时令、功用目的来划分，虽然分类庞杂，但是繁复有序。像帝后的礼服各有二十几种，规则分明：冬至祭天穿蓝色，夏至祭地穿明黄色，春分祭日穿红色，秋分祭月穿月白色……这些都是从周礼沿袭演变而来，是几千年制度化的结果。

所以，中国人有足够的底气来建立穿衣自信。论讲究和规矩，西式礼服比起我们的传统服饰，已经简化了许多。TPO也好，Dress Code也罢，比较起来，并没有那么复杂，毕竟是适应现代的着装规则，已经简化了很多。因此，这部分讨论的重点，并非传统服饰的复刻翻版，而是适应现代场合的中式服装。

比较而言，中式礼服目前缺乏一个普遍认可的形制。中国不像日本和韩国，他们都是单一民族国家，采取了现代服装与民族服装并行的二元体系：日常穿着西式服装，同时保留民族服装，在重要场合作为礼服来穿用。中国是一个统一的多民族国家，传统服饰的发展因朝代更迭出现变迁，到现代又出现了断层。所以，中式风格的规则标准不好界定。

相对而言，唐装、汉服和现代生活的反差感比较强，除了婚礼场合、以传统文化为主题的场合，或是强调创意着装的场合，在其他注重仪式感的场合，比如颁奖典礼、会议论坛，它们会显得有些戏剧化，很难完全承担礼服的作用。

图4-47 唐装：马褂的现代改良版

其实，唐装不是传统服装，唐装的唐，不是唐代的唐，它是中国的泛指，与遍布全球的唐人街是一脉相承的概念。唐装以马褂为原型，马褂在民国时期曾经被列入礼服的序列中，通常罩在长袍外穿着。而唐装作为现代改良版，不仅衣长有所增加，还结合了西式剪裁，变中式连肩袖为装袖（Set-in），加入了垫肩。在搭配方面，它采用异色异质的裤装，类似于西服中单西的穿着效果（图4-47）。

唐装兴起于2001年的上海APEC会议，最初以织锦缎、团花图案为特色，比较适合中国的传统节日，如春节，偏向于家庭聚会、公司年会这类喜庆热闹的场合。由于唐装的面料柔软、图案比较浓烈，所以它不太适合在商务场合中穿着。

为此，可以参考西式礼服中黑色套装或深色套装的配色，选取更为低调的色彩与面料（可以带暗纹，增加一些面料肌理的变化装饰效果，但是尽量不要用大面积的图案），让唐装变得简洁利落，以适应更多商务性场合。

除了汉服、唐装，近年来，新中装的概念也在持续探索。像2014年的北京APEC会议，就曾经推出过新中装的设计，陆续还有一些以中山装为基础的改良设计。中山装本身也是依靠西式裁剪与制作工艺，它借鉴了学生装、军装的元素，不论款式、面料，都更为贴近现代审美。

不过，传统中山装，庄重严谨，特别是翻领的设计，要严丝合缝扣上所有的纽扣，有些还有领钩（又称风纪扣），给人的整体感觉比较中正严肃。不像西装，颜色选择多，可敞开、可系扣、可系领带、可不系领带，相对有更多的变化空间，能够收放自如。所以，近年来，中山装的改良，一方面是增加开放现代的气息，特别是减少领部的束缚感；另一方面，则是进一步推动中西方元素的融合。

如2014年、2015年、2018年，国家领导人应邀访问荷兰、比利时、英国、西班牙等国家，在出席国宴时，都是穿着改良版中山装亮相。2018年，外交部发言人专门在记者招待会上回答了着装问题，他表示在盛大欢迎宴会这种正式场合上，中方领导人穿中式礼服已经不是第一次了，中式礼服符合这种重大场合的着装要求。

仔细对比，这类中式礼服，形似中山装，但又不同于传统的中山装，它对很多关键部位都进行了改良。例如变翻领为立领，领部微微打开；明扣变为暗扣；将4个有袋盖的口袋改为3个暗袋，左胸袋接近西服的样式，去掉袋盖，可以装饰手帕巾。虽然上述样式未见官方推广，但是在民间已经有了一定的接受度，而各种改良的中山装版本也在不断进化迭代（图4-48）。

综合来看，目前中式风格尚未形成标准化的系统，比起西式服装，它的配置难度更大。对于普通人来说，不建议配置传统中山装，可以考虑改良中山装。但是，改良款目前还不够稳定，而且它也比较挑人。如果个人的气场不够、底蕴不足，建议还是暂缓配置。

图4-48 改良版中山装

如果要配置，不论是中山装还是改良中山装，可以参考绅装系统的规则，通过色彩、面料等要素来区别日间和晚间。通常，西式礼服的晚间着装要比日间更加隆重、华丽，因此晚间场合可以选择深色或黑色中山装或改良中山装；而日间场合，按照西服套装的标准，可以选择灰色系。除非婚礼、舞台表演这类特殊场合的需求，中山装或改良中山装目前的配色主要是黑灰色系，其他色系暂不建议配置。

第五章

绅装形象

THE IMAGE OF GENTRY ATTIRE

PART 5

衣橱是造型的基础，场合是着装的规则，它们是形象建设的硬件和软件。打造良好的形象，除了懂规则，还要会穿搭、讲策略。为此，本章从着装搭配入手，通过讲解原理和技巧，帮助读者提升衣品，进而从形象管理再到形象资产，推动绅装形象的升级。

01 搭配原理与规则

上一章讲解场合，已经进行了不少着装示例的分析，对于绅装的搭配，相信读者已经积累了一定的感性认知。本章首先进行梳理总结，归纳绅装搭配的原理与规则。

绅装搭配原理

绅装搭配的基本原理，总结起来，核心就是八个字：级别配置，元素组合。

级别配置

所谓级别配置，就是绅装的不同类别、形制，按照一定的规则，组成了一个有层级的体系，特别是礼服，第一礼服、正式礼服、标准礼服，依次排列。常服也有自己的级别规则，例如戗驳领的规格高于平驳领，双排扣的规格高于单排扣。所以，通过选择上一级或下一级的形制样式，可以实现向上升级或者向下兼容的级别变通。

其实，不止是绅装体系的核心形制，所有的男装都可以用级别配置的思维来审视分类，由此构建一个更为庞大的序列。例如：

长袖衬衫—短袖衬衫—POLO衫—圆领T恤；

西裤—卡其裤或休闲裤—牛仔裤；

百慕大短裤—休闲短裤—运动短裤……

诸如此类的级别设定，还可以进一步细化，例如，图5-1是几种长袖衬衫的序列。

燕尾服衬衫

礼服衬衫（翼领）

礼服衬衫（企领）

企领素胸平底

外穿衬衫

图5-1 长袖衬衫的级别序列

在本书第四章曾经对场合进行了重要性与仪式感的评级，其实绅装也可以按照序列来进行级别评定。什么场合对应什么样的服装，有了级别配置的意识，可以更加清晰明了。

元素组合

除了形制本身自带的级别，通过调整元素组合，同样也可以实现升格或降级的着装规格变通。在元素组合方面，形（款式）、色（色彩）、质（面料）是基本要素，它们之间可以进行多种组合，由此产生不同的着装效果。

形：一般来说，形制样式决定了大体的着装规格级别，而款式搭配则通过单品的组合、配服与配饰的变化，灵活实现升级或降维的规格变通。这一点在前面讲解绅装衣橱的过程中，有过不少实例，事实上，款式搭配不仅是调整规格的手法，也是实现一衣多穿的重要手段。因此，从衣橱建构的角度来说，按照级别需求来规划品类、形制款式，选好主服，特别是要保证基本款的配置。在此基础上，依靠增加配服和配饰，充分发挥搭配的作用，可以有效提升衣橱的利用率。

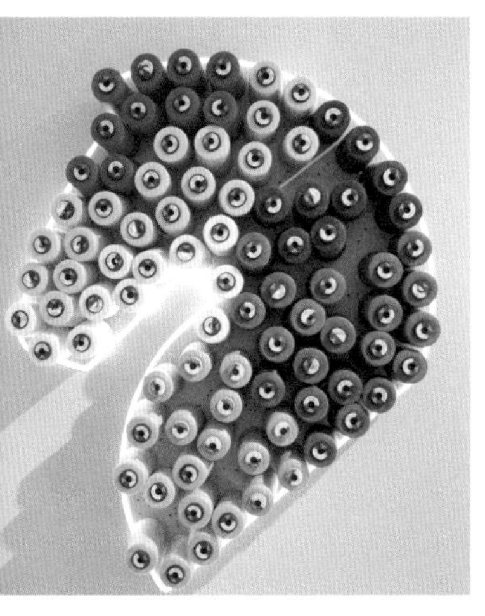
图5-2 色彩是重要的配置元素

色：色彩是影响着装级别和整体搭配效果的重要元素之一（图5-2）。通常，一个人远远地走过来，首先映入眼帘、被他人感知的，就是他的服装颜色。至于他穿着的服装款式、细节，只有近距离交流才会注意。所以，色彩为社交印象奠定了一个总的基调。选好颜色，通过色彩变化来实现着装级别的变通，是一种重要的着装规格调整手段。一般来说，深色的级别高于浅色，晚间时段用深色，日间时段用浅色。

质：在元素组合中，除了款式搭配和色彩，面料也是实现场合着装变化调节的重要手段。面料不仅包含了季节的场合要素，而且它本身也暗含着级别差异：羊毛面料高于混纺面料，混纺面料则高于化纤面料；亚麻、泡泡纱主要用于休闲西装，它们自带度假感。

其实，面料本身要与形制款式相匹配，它也是品质的一种体现。有时候，高档面料营造出的低调奢华，远胜于夸张的款式、繁复的装饰。面料自身的魅力，有一种虽不耀眼夺目，却让人无法忽视的气场。这种不经意间流露的高级感，才是绅装的精髓。

另外，绅装面料的花色图案也大有讲究，例如条纹中的经典：细条纹（Pin Stripe）和粉笔条纹（Chalk Stripe）；格纹中的经典：窗格纹（Windowpane Plaid）和威尔士亲王格（Glen Plaid）；以及经典的人字呢、千鸟格。

一般来说，不同面料的规格，净色高于条纹、条纹高于格纹；暗纹高于明纹、小条格高于大条格，这些都是元素组合时可以运用的调节手段。所以说，面料元素是绅装的高阶玩法，正所谓内行看门道，这么多花色图案，它们有各自的起源、演变，这里面细微的差别，就可以营造出不同的感觉。只有识得面料，才算真正懂得绅装（图5-3）。

图5-3 面料是绅装的高阶玩法

绅装搭配规则

前面介绍了场合着装的基本搭配原理，在着装中，还有一些穿着的注意事项，这部分按照礼服和常服，分别进行介绍。

礼服的搭配规则

礼服规格高，规定性强，同时场合变化多，情境比较复杂。所以，除了掌握基本的着装规则，通常还要考虑两个因素：角色与氛围感。

正如吃饭有主桌，每桌还可以分为主位和客位，每个活动都有主办方，有主场和客场。一般来说，着装不能喧宾夺主，就是指在着装规格级别上，要略低于主人。除了主客关系，层级关系也需要注意，在一群人中，级别的高低往往能通过着装辨识出来。所以，礼服的穿搭，既要保持规格体面，以示对主办方的尊重，又要保留一定的差异，突出主角，符合自己所在的角色位置。

至于氛围感，就是要处理好场合着装中的一致性与个性。一般来说，入乡随俗，着装不要与其他来宾有太大的落差，一致性有助于融洽气氛。另外，如果场合允许，个人也有意愿借此崭露头角，可以采取与众不同、突出自我的着装配置。不论哪种策略，拿捏好氛围感的关键是对人际关系的考量，除了要分析主客关系，还要关注共同出席者的情况。像名人出席活动，往往预先看一下邀请名单，既要防止撞衫，又要考虑活动拍摄的各种因素。甚至有人会预估到场嘉宾的身高，对自己的着装进行适当的修改调整。

从搭配的角度而言，角色和氛围感可以通过要素组合进行规格的调节变通。例如，通过减配来降低着装级别，系领带换成不系领带，三件套换成两件套。当然，最好是在出席活动前，按照请柬的要求，参考时间、地点、来宾等要素，提前做好分析预判，不用现场临时做调整。毕竟减配容易，升级规格比较难，所以场合着装也是一种智慧和考验。

其实，级别规格的问题反复讲，它不是所谓的高低贵贱，而是讲求适配度，是着装与自我、与他人、与环境的融洽。绅装的精神，在于人、衣、场的匹配，对应到我们中国的传统文化里，就是追求一个“和”字，对内平衡，对外和谐。所以，级别不是越高越好，高低都不合宜，适度才是知礼。这也是我们中国传统儒家思想的君子之道，正所谓不偏不倚，守中致和，以和为贵。

常服的搭配规则

常服的灵活性比礼服大，组合变化多，但是主客逻辑、上下级关系仍然是基本规则，一般要根据自己的级别和资历来着装，在客场要保持低调。不过，面对商业上的客户，着装规则变得比较微妙，不能简单套用上下级或是主客逻辑。

按照男装专家道格拉斯·汉德的说法，职业人士的着装应该比客户更加正式，或者说，着装规格要在客户预设的基准线之上，这样做不会喧宾夺主，而是表明重视。他说很少有人会因为穿得太正式而受到客户的责备，即使客户嘴上抱怨，也更像是在开玩笑。内心里，客户会感觉受到尊重，往往也会更加认可你的专业性。

其实，不只是客户关系，在道格拉斯看来，穿得比竞争对手更得体，有助于获得生意机会；穿得比同龄人和同事更得体，会增加晋升机会；甚至有雄心的人，在晋升之前，会先穿得像那个职位的人。因为着装对外塑造了个人形象，对内也有自我暗示的心理作用。

所以，常服不同于礼服，礼服主要是各归其位，合乎规矩，而常服有着更多实用性的考虑和个性的发挥空间。对于职场人士而言，穿着得体能够更好地塑造个人形象，推动职业发展（图5-4）。

其实，西方所谓着装对个人形象的影响，对应在中国传统文化中，也有一些“合宜相冲”的说法。有些人有自己的色彩偏好，有些职场人士还有所谓的“战袍”。曾经穿过的某件西装，陪自己经历了重要场合，取得了一些成果，以后遇到类似的场合，还会选择再次披上“战袍”，期待一切进展顺利。这些都是典型的心理暗示效果。说到底，常服是人们每日打交道的着装，它体现了人们与服装的情感，如果配置得体，自在随心，确实能够给人带来

图5-4 着装得体有助于职业发展

自信和好运。

此外，在常服的穿搭方面，还有一些需要注意的细节规则，例如，系扣。一般来说，平驳领单排扣西服有两粒扣、三粒扣之分。两粒扣是现代的主流款式，在生活中最为常见。三粒扣西服相对正式，更加严谨，现在比较少见。如果身高较为突出，也可以考虑三粒扣，在视觉上减低身高对他人的压迫感。

通常，单排扣西装可以敞开不系扣，也可以选择部分系扣，一般不会全系扣。只要不是特别严肃正式的场合，坐下的时候都可以将衣扣解开，这样不仅提升着装舒适度，也有助于维持西装的版型。而站姿则视情况而定，如果有领带，可以敞开不扣，这样做不会失礼，又相对舒适随意；如果没有领带，敞开不系扣只适用于比较生活化的场合，在相对严肃的场合，尤其是需要面向他人时，一般站姿还是应该系扣（图5-5）。通常，单排两粒扣西装只系上边的那粒衣扣，如果是单排三粒扣西装上衣，一般系中间那粒衣扣。

如果是单排扣西装三件套，里面穿了西装马甲，通常马甲的扣子，最后一粒可以不系，其余要全部系上，而外面的西装上衣则可以不系扣，全部敞开（图5-6）。

比较而言，在绅装的演变发展过程中，纽扣一直是个讲究的

图5-5 单排两粒扣西装系扣示范

图5-6 单排扣西装三件套系扣示范

细节。对比曾经的烦琐、奢华，现在的西装纽扣已经简化了许多。而总结系扣的规则，双排扣西服，不可不系扣，具体的系扣方式要根据纽扣的数量和位置而定。单排扣西服，不系扣表示随意，系上面一粒扣表示尊重，最下面这粒扣通常不系，除非是较为高大的男士，为了避免露出太多的裤腰和皮带，有时候需要系上这粒纽扣。所以穿西装马甲的一个作用，也是遮住裤腰和皮带，对于绅装而言，皮带不是炫耀的配饰，如果真想展示，可以配袖扣、手表。

说到配袖扣，领、袖也是重要的细节（图5-7）。如果是有袖扣的衬衫，一定要配袖扣，法式双叠袖最为讲究，规格也高。而在穿着时，内搭的衬衫，下摆要束在裤腰之内；正式场合，袖管不可以挽起；不穿西装上衣，或是穿上衣未打领带时，可以不系领扣。

此外，衬衫的衣袖通常要长于西装，这样在手腕处，衬衫的袖口会露出1.5cm左右的袖边。作为西装的一种穿着惯例，这一方面是源于历史上衬衫的袖口曾经采用系扎的方式，当时运用了各种飞边、褶饰。这样华丽的袖口，当然不甘“寂寞”，需要得到充分的展示，所以故意外露。后来陆续有了袖扣、纽扣，衬衫的袖口变得简洁，但是这个古老的风俗一直延续保留

图5-7 领和袖是衬衫的重要细节

下来。

另外，西装和衬衫的这一穿着规则，也有它的实用性。其实衬衫存在的一个作用，也是为了保护西装，延长它的使用寿命。衬衫可以每天更换，它避免了西装直接接触皮肤，而袖边的露出，也可以减少西装袖口的污损。同时，这样的露出形式有一种延伸感，可以使手臂显得更加修长，让西装穿着更加有型。此外，袖口和领口遥相呼应，也增加了造型的层次感。

02 绅装搭配技巧

前面介绍了绅装的搭配原理和穿搭规则，但是具体的搭配，还需要动手实践。对于绅装而言，练手也是必经之路，哪怕只是系条领带，也需要一个熟能生巧的过程。但是，在练手之余，更重要的是提升衣品，掌握一些搭配技巧，可以有效地提升造型质量，提高绅装的表现力与完成度。

色彩搭配技巧

前面原理部分，在元素组合中曾经也提到过色彩，主要是利用色彩来调整着装级别；而这部分的重点是将色彩作为搭配技巧来应用。其实不论西服还是休闲装，关于色彩的搭配原理是相通的。例如，“三色原则”，即全身上下的色彩，应当保持在三种之内；超过三色，容易让人感觉花哨凌乱。下面，重点介绍三个色彩搭配技巧，其中，前面两个属于通用技巧，适用于所有的服装；

而后一个，则是带有绅装特色的搭配技巧。

利用色彩提升造型感

如表5-1所示，常见的色彩搭配方案主要有同类色搭配、近似色搭配、互补色搭配、无彩色搭配。这些不同的色彩搭配方案，在前面绅装衣橱、场合着装的示例中，多少都有所涉及。在具体应用时，可以采取上下呼应、里外呼应的搭配手法，通过色彩搭配提升绅装的造型感。而用心设计和思考的着装，体现了对场合的重视、对人的在意。

表5-1　常见的色彩搭配方法

同类色搭配	近似色搭配	互补色搭配	无彩色搭配
取色环上距离≤30°的色彩按照深浅、明暗的不同进行搭配，形成比较有整体感的系列	取色环上距离≤60°的色彩进行搭配，形成带有层次的系列感	取色环上距离等于180°的色彩进行搭配，形成反差感强烈的系列	以黑白灰三色为主进行搭配，也可以取一种色彩与黑白灰搭配，突出主色
适合型格：稳重大气	适合型格：时尚睿智	适合型格：自信活力	适合型格：内敛儒雅

根据肤色选择色彩

肤色决定服色，这道理就像第二章曾经提到的，体型决定版型，脸型决定领型。每个人的肤色不同，选择适配的色彩，可以起到修饰和提升的效果。

具体来看，肤色是由于皮肤表皮层的黑色素、原血红素、叶红素等色素沉着不同，反映出的皮肤颜色。它和人种差异、皮肤的厚度、色素的数量与分布状态、生活的地理区域等因素相关。从人种的角度来看，亚洲普遍属于黄色人种，但是个体的差异比较大，图5-8列出了主要的四种肤色类型：偏白、偏黄、偏红和偏黑。一般来说，界定肤色必须要借助专门的肤色诊断色卡，各位读者也可以对照此图，对自己的肤色类型有个大致的判断。

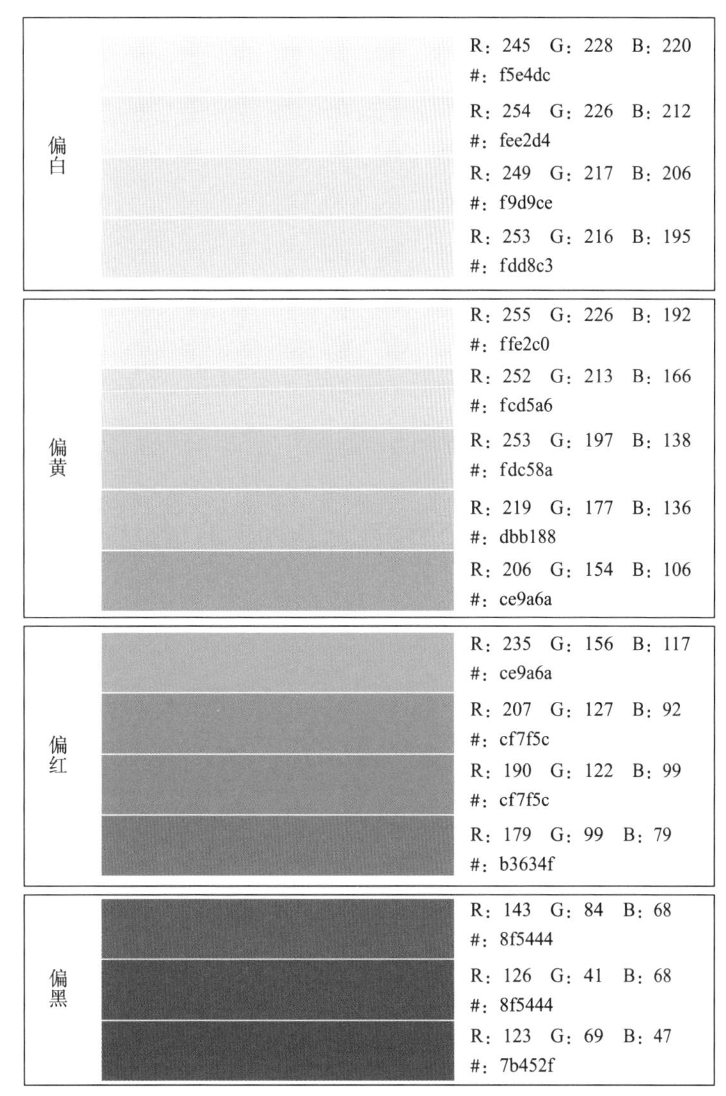

图5-8 肤色类型

俗话说，“一白遮十五”，相对而言，偏白的肤色比较好搭配服装，适合的色彩范围比较广。所以对于男士来说，除非个人喜欢偏黑的肤色，不然平时也要注重防晒，因为黑色素是形成肤色差异的重要因素。

不过，所谓“黑色翠，棕喜人”，不论哪种肤色，只要选对服装的颜色，达成肤色与服色的匹配，都能提升穿着效果，产生和谐的视觉体验。所以不用苦恼于自己是偏黄还是偏黑，每种肤色都有匹配的服装色彩。下面就是一些针对肤色的色彩搭配建议。

（1）肤色偏白（图5-9）。

肤色特质：白皙，看上去更显年轻，有书卷气。

服饰色彩：比较百搭的肤色，适合的色彩范围比较广；但不适合比较冷的深色，如黑色，反差大会显得人苍白；还有饱和度过高的暖色调，会显得艳丽。

最佳组合是与肤色接近的米色系，看起来会更显精神；还有蓝色系和黄色系，可以放大肤色的优势；而棕色系可以增加成熟感。

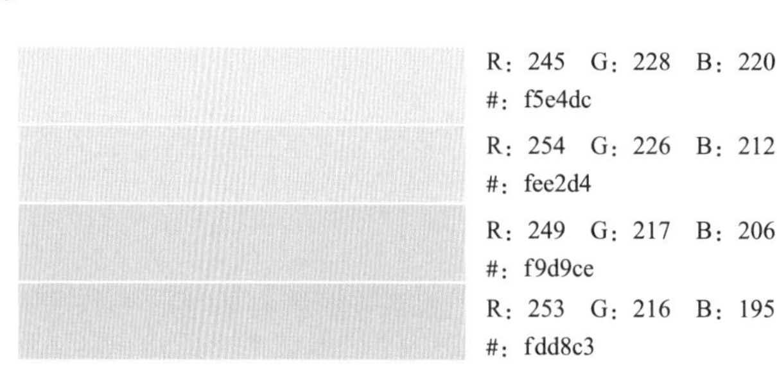

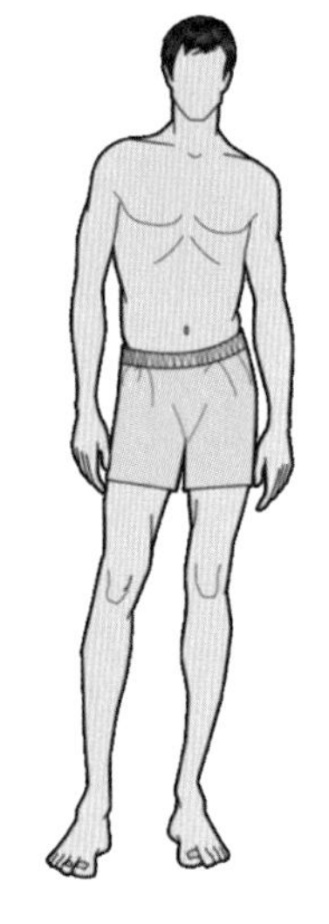

图5-9 肤色类型：偏白

（2）肤色偏黄（图5-10）。

肤色特质：最常见的亚洲肤色，看上去成熟稳重。

服饰色彩：要避免绿色、紫色、灰色，会显得暗沉；还有黄色系，如褐色、土色、橘色、金色，会更加显黄；可以选择藏蓝色、黑色、海军蓝、酒红色等，能够衬托、提亮肤色。

R：255 G：226 B：192
#：ffe2c0
R：252 G：213 B：166
#：fcd5a6
R：253 G：197 B：138
#：fdc58a
R：219 G：177 B：136
#：dbb188
R：206 G：154 B：106
#：ce9a6a

图5-10 肤色类型：偏黄

（3）肤色偏红（图5-11）。

肤色特质：敏感肌肤，调理得宜会显得红润健康。

服饰色彩：避免过于鲜艳的颜色，不宜紫色和绿色，紫色显得气色不好；绿色是互补色，反差大、不协调。可以尝试降低色彩纯度，选择浅淡、干净的颜色，如浅驼色、米黄色、浅灰等，显得更加红润健康，或者黄调而非红调的暖色，如深浅咖色、褐色、中黄色等。

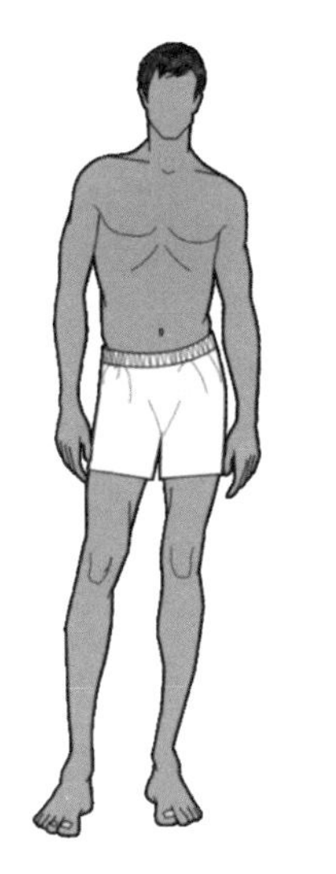

图5-11 肤色类型：偏红

（4）肤色偏黑（图5-12）。

肤色特质：阳光健康，魅力独特。

服饰色彩：避免过浅的颜色会形成反差，也避免亮色显得暗沉。适合正色和素色，可以选铜棕色这类带金色调或红色调的颜色来提亮肤色。其实偏黑肤色也可以选黑色、深色，再加一点暖色的点缀效果会更好。

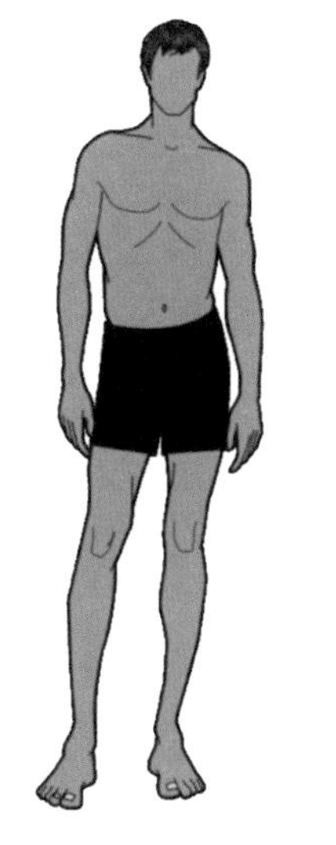

图5-12 肤色类型：偏黑

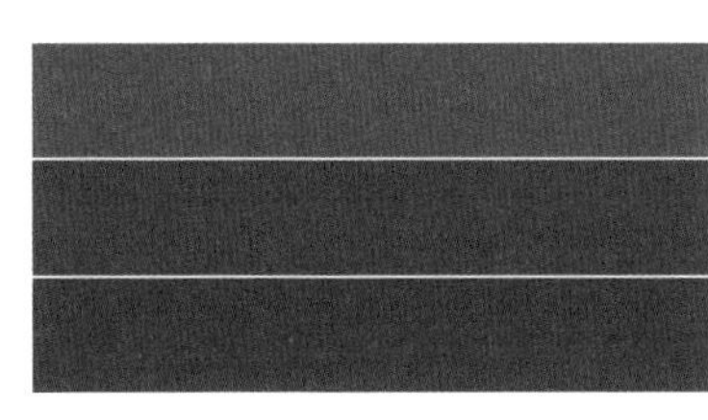

用色彩打造高级感

说到高级感，几年前，电视剧《延禧攻略》带火了莫兰迪配色（图5-13）。意大利画家莫兰迪（Giorgio Morandi）一生深居简出，淡泊名利。他的作品没有色彩冲击，也没有繁复的装饰，以朴素宁静、平和舒缓的艺术特色而著称。

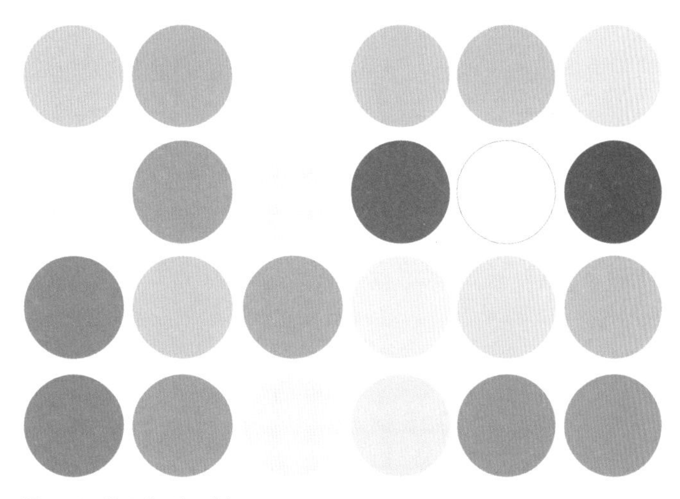

图5-13 莫兰迪配色示例

就像老子所说的“五色令人目盲”，莫兰迪配色在今天受到时尚圈的追捧，是因为它在光怪陆离的潮流变化中，成就了一种隽永的优雅。它的沉静内敛，与绅装的精神气质不谋而合。所以，想要穿出高级感，不妨借鉴莫兰迪配色的美学逻辑，用一点点灰调，平添几分克制，平衡自持，从容雅致。

避免工服效果：穿出质感与态度

对于一些新手而言，由于入门时缺乏绅装相关的知识储备，不太懂穿搭，照猫画虎穿起来，容易显得呆板不自在；或者选择了廉价的西装，穿了反而不体面；再或者，有些人不太在意穿着方式，包括一些细节，比如皮鞋、领带、腰带、袜子等；结果不是穿错闹笑话，就是穿得过于刻板严肃，被人开玩笑说穿得像工服。

这些不止是入门者的问题，也是绅装进阶的关键。怎样才能避免西服穿起来像工服？要解决这个“世纪难题”，就要回到绅装搭配的基本原理，从元素组合的角度寻求改进。

色彩搭配

前面讲到莫兰迪配色，用色彩打造高级感，相信很多人会从中得到启发。其实一般人的西装入门款往往选黑色，但是黑得太纯正。这就像《你是我的眼》里面有句歌词，“眼前的黑不是黑”。要想黑得高级，就要黑得有层次感，不要一黑到底。

如果读者接触过色卡，比如彩通色卡[1]里面有些颜色，名字都很有画面感：午夜天空、黑化的蓝、火药黑、蓝宝石葡萄。或者像德国的劳尔色卡，里面有茄黑、黑棕、黑蓝、墨黑。有人可能觉得色卡听上去太过专业，其实这些颜色很好理解，通俗地说，就是不要纯粹的黑色，而是黑中带一点蓝调或者紫、棕、灰调，这样能中和纯黑的刻板。

选对了西装的颜色，高级的黑色也好，稳重的蓝色系也罢，有些人感觉仍然摆脱不掉那种“工服”气息。这是因为，除了西装的颜色，衬衫和领带也需要注意，不妨来看图5-14的配色。

---

[1] 即PANTONE，又译为潘通色卡。

图5-14 蓝黑色西服套装搭配示例

这款西服套装选用了蓝黑色，黑中带蓝，端庄却不沉闷，搭配的衬衫领带是关键。象牙白衬衫，不会白得耀眼。银灰条纹领带优雅大方，不争不抢。这个造型通过降低明度、纯度，减少颜色的对撞反差，视觉上更加柔和协调，让整体的形象变得温润儒雅。这就是前面莫兰迪配色中所谓高级灰的力量，它不只应用于西服的色彩选择，还应该贯彻到整个造型的配色方案中。

款式搭配

除了色彩，西装穿起来像工服，也和款式、搭配有关。一般而言，工服的穿着讲究规矩，而图5-14中的西装是敞开未系扣，这种穿法当然不适合严肃的商业场合。但是在大多数的日常通勤中，这样的装束并无不妥。尤其是在系领带的情况下，敞开不系扣有一种潇洒的姿态，自信又大方。

同时，如果关注细节，可以看到，图5-14中的搭配，用了一条低调却不乏趣味的几何图案印花口袋巾，一下子就提升了造型的整体气质，拉开了它与工服的差异。事实上，穿着绅装，是为了应付场合而穿，还是认真穿搭，甚至享受这个过程，这两者的外在观感是完全不同的。这就像上班是为了“摸鱼”混日子，还是在积极主动地打拼，这两者有着不一样的精神面貌。

所以，要想避免穿着西装像工服，就要真正重视着装这件事，不敷衍不将就。就像本书曾经采访的这些乔顿先生，他们中有的人可能是出于个人兴趣，有的人只是出于工作需要，不论出于什么原因穿着绅装，他们有一个共同点，就是注重自身形象，用心穿搭。就像那句话，凡所际遇，绝非偶然。机会总是留给有准备的人，如果你懂得把着装和个人形象乃至事业发展联系起来，你就有可能抓住事业的机会。

面料选择

说到面料，这是工服的“硬伤”，因为它要大批量生产，所以追求物美价廉。而面料对于西装，基本上是“一分钱一分货”的投入。所以，如果不想穿得像工装，有条件的话，尽量选择高档面料。而且，高频穿着西装的人，建议配置多套，在经典款之外，可以尝试一些不同的质地、纹理、花色图案的西装面料，这样可以跳出工服的乏味呆板。

打造视觉亮点

前面在绅装衣橱部分重点介绍过西服、大衣、衬衫等服装的配置，这些当然是造型的主角，但有时候，一些搭配西装的元素可能面积不大，但是造型效果突出，如果应用得当，能够打造出视觉亮点，有一种“四两拨千斤”的效果。

具体来看，在西装的领部，有一个自然形成的三角区，它靠近面部，是视觉的中心，通过搭配领带、领结、领巾，可以起到画龙点睛的作用。而在西装的左上部，有一个贴近心脏的胸袋，这是口袋巾的专属位置，它的搭配灵活多变，有时会成为整个造型的亮点。

下面，对这些配件的应用逐一展开介绍，其中领带在第三章绅装衣橱中已经重点讲解过，这部分主要介绍领结和领巾的搭配。

领结：仪式感与辨识度

比较而言，领结比领带的仪式感更强，它主要用于正式和半正式的礼仪场合，有白色、黑色和花色三大类。白色的规格最高，黑色最为常见，而花色主要用于搭配花式塔士多（Fancy Tuxedo）。除了仪式感很强的场合，其实领结也可应用于日常。有的名人就以日常佩戴领结打造了独特的个人风格。

一些影视作品，例如《教父》《007》系列，有不少经典的领结造型。所以对于气场比较强的男士而言，有时候不妨将领带换为领结，尝试新的组合，增加个人辨识度。

领巾：实用又贵气

领巾是高阶的造型元素，除了用于晨礼服的经典浅灰色阿斯科特领巾，其他领巾的图案纹样、款式系法比较繁杂，在此不做详细展开，只重点介绍比较常见的一种内领巾搭配法。顾名思义，领巾在衬衫之内，通常，衬衫的领口要解开1~2粒扣，领巾为印花丝绸质地，可左右互搭，形成交叠；或是简单打结后将余下部分一起放置于衬衫领口之内。这两种形式都比较简单，前一种可以让颈部有延伸感，后一种的保暖性更好，不过要防止领巾系得过紧过高，缩短颈部，影响视觉比例。

相对而言，内领巾搭配法没有领结和领带那么正式，但是它的造型有种优雅又别致的气质，而且具有防寒、领口防污的实用价值。在电视剧《狂飙》中，演员张颂文也贡献了经典的领巾造型，用剧中大嫂的台词来说，领巾比领带显得亲和。小小的领巾在剧中成功地烘托了高启强的身份转变。

口袋巾：传递优雅与品质

口袋巾（Pocket Square），又称手帕巾、胸袋巾，通常是一小块正方形的织物，折叠之后插入西装上衣的胸袋。口袋巾的源头是手帕，在17世纪的法国宫廷，手帕可谓是人手必备，随身携带。那时，人们会在手帕上喷洒淡香水，可以用来优雅地遮掩口鼻，阻挡灰尘。后来，手帕逐渐变得精致，加入了镶边、刺绣元素，从功能型向装饰型转变。发展到现在，口袋巾基本不做使用，成为一种纯装饰性的配件。

对于西装而言，一块经过精挑细选，干净平整、折叠有型的口袋巾，能够凸显着装品位，营造出优雅得体的形象。它的经典折法，主要有一字形折法（Classic Flat Fold）、一角或三角式折法（One Tip up/Three-point Fold）和休闲随意式折法（Casual Fold）三种（图5-15）。

图5-15 口袋巾的常见搭配形式（图片来源于网络）

作为一种装饰手段，口袋巾能够提升西服的品质感，也是提升绅装段位的重要单品。需要注意的是，它一般不与西服同色，而是要形成一定的差别和层次感；同时，它不能作为一个孤立的元素，需要和西服、衬衫、领带形成呼应，所以通常选择近似色和互补色的搭配方式。此外，不论采取哪种折叠方式，口袋不能看起来鼓鼓的，一定要保持平整美观。而这一方面取决于口袋巾的处理手法，另一方面也有赖于西装的品质，所以口袋巾是搭配艺术与工艺技术的综合反映。

升级绅装段位

除了领带、领结、领巾以及口袋巾，这些软配饰，金工珠宝这类硬配饰作为丰富造型的细节手段，也是提升绅装段位的重点。绅装和女装不同，女装的高级别礼服讲求露肤度，所以在颈间、手臂处会有佩戴饰品的需求。而绅装没有这种高调的展示空间，饰品只是小小的点缀，没有特别大的面积，主打低调奢华，追求小而美、小而精。下面，选择几种常见的饰品分别展开介绍。

袖扣：点到为止 低调奢华

前面讲到衬衫部分，曾经简单地提到过，如果是有袖扣的衬衫，一定要配袖扣，通常用到袖扣的衬衫主要是法式双叠袖（French Cuff），偶尔会有单层法式袖（Single Cuff）。

袖扣的材质，最早是珍珠母贝，后来扩展到金银、白金、珐琅、玛瑙、黑曜石、水晶等。袖扣的气质，不在于采用了多么贵重的宝石，而在于设计感和搭配。通常，袖扣的颜色要和衬衫形成一定的反差，例如，白色衬衫搭配深色袖扣；灰色衬衫搭配银色袖扣；深色衬衫搭配金属质感的袖扣。此外，袖扣的颜色可以和领带形成呼应，由此塑造更为丰富立体的形象。而在款式方面，圆形和方形的袖扣最为常见，越是高级别场合，越要保持简约低调；而在一些休闲场合，袖口可以用来突出个性，不妨选择一些时尚别致的款式。

其他饰品：兼具审美与功能

除了袖扣，绅装的小饰品还包含领针、领带夹、胸针和领花。就像袖扣搭配法式衬衫一样，领针（Collar Bars或Collar Pins）

主要用于搭配帝国领衬衫（Pin Collar），它小巧别致，可以用来固定衬衫领口和领带，是着装考究的标志。在电影《了不起的盖茨比》（2013年版）中，主角莱昂纳多·迪卡布里奥有不少造型用到了领针。

至于领带夹，它具有实用的功能，可以帮助固定领带，使它保持平直，防止出现领带被风吹起，或是俯身时领带垂到地面的情况。像国外某位名人，喜欢系长领带，西装又常常不系扣，只用胶带将领带固定住，遇到起风的情况，领带很容易被吹飞，背胶也会暴露出来，容易闹出笑话。此时，如果用一枚小小的领带夹，把领带固定在衬衫第三至第四粒扣的位置，就会避免尴尬。

通常，领带夹采用金属材质，虽然现在也有镶钻、镶宝石的做法，但是一般来说，领带夹作为饰品，以实用性为主，不宜太过显眼。

至于胸针和领花，通常，在西服的左衣领上，有一个看似无用的小细节——插花眼，又叫美人眼、俏皮眼。很多新郎会错把花束插在胸带中，其实正确的位置是这个插花眼。像电影《教父》中的经典造型，就是在此插入一枝红玫瑰；而电影《007》中的经典造型，则在此插入一枝红色康乃馨。康乃馨是最常见的襟花，现在除了婚礼，已经很少插鲜花，所以这个浪漫的扣眼会用一些小的饰品做点缀。其中，领花比较小巧，而胸针的造型更为丰富，二者各具特色；而有的西装，自带别致的手工插花眼，无须添加饰品，于方寸之间展现独特的魅力。

注重完整性与层次感

总体而言，配饰虽小，但是它反映了着装者的审美眼光和文化素养，是男士风度与气质的外显和延伸。而除了前面介绍的这些，绅装值得玩味的配饰还有很多，戒指、手表、皮带、帽子、鞋履、包袋、眼镜、雨伞、手杖、手套、袜子等，本书无法逐一展开，所以只对一些比较常见且相对重点的内容进行了介绍。

比较而言，在绅装的配饰中，手表的专业性最强，感兴趣的读者可以翻看一些腕表杂志，业内还有巴塞尔钟表展、日内瓦钟表展这样的腕表盛会。手表被誉为“男人的第二张名片”，它不只是看时间的工具，更是品位的彰显与价值的表达。作为提升绅装档次的法宝，腕表可以说是男人真正的珠宝。像股神巴菲特，他生活简朴，衣食住行都很随意，身上最值钱的，或许就是他经常佩戴的手表。

而从鞋履的搭配来看，这也是体现绅装品位的一个看点。通常，搭配西式礼服和西服套装的所谓正装皮鞋主要有三种：牛津鞋、德比鞋和孟克鞋。

牛津鞋（Oxford）是正式程度最高的，它的两个鞋襟采取封闭式，系好鞋带后，能够完全覆盖鞋舌。所以，比较起来，牛津鞋严谨美观，优雅沉稳，带着一丝不苟的正式感，但是穿着的舒适度会差一点。

而德比鞋（Derby）很好地解决了这个问题，德比鞋也是系带设计，但是它和牛津鞋不同，它的鞋襟是开放式，所以舒适度高于牛津鞋。

至于孟克鞋（Monk），又名僧侣鞋，它的历史更悠久，在鞋带还没出现之前，孟克鞋是主导款式。所以，它的正式程度不输牛津鞋，又以鞋面上装饰的金属扣环为特色，具有鲜明的风格。

除了三种正装皮鞋，无须系带的低帮平底乐福鞋（Loafer）也是出现在绅装休闲穿搭中的经典鞋款。透过图5-16，可以一目了然看到上述四种常见的鞋款。

而近年来，随着绅装的进一步休闲化，以小白鞋为代表的运动鞋款也进入绅装穿搭的视野中，为其注入年轻时尚的活力。而就像运动鞋控喜欢关注设计与功能细节，其实绅装搭配的鞋履，如果讲究起来，也有很多值得玩味的地方。比如鞋头有圆头（Round-toe）、尖头（又称杏仁头，Almond-toe）和方头（Square-toe）；鞋面样式有三接头（横饰Cap Toes）、二接头（素面Plain Toes）和一体式（One Piece/Whole cut）。三接头是传统的日间正装鞋；而漆皮二接头是晚礼服鞋。

可能有人会产生疑问，为什么三接头的级别低于二接头。其实，纵观整个绅装体系，最基本的规则逻辑，就是越简洁经典，正式程度越高。就像《王牌特工》中有这样一句台词，牛津好过

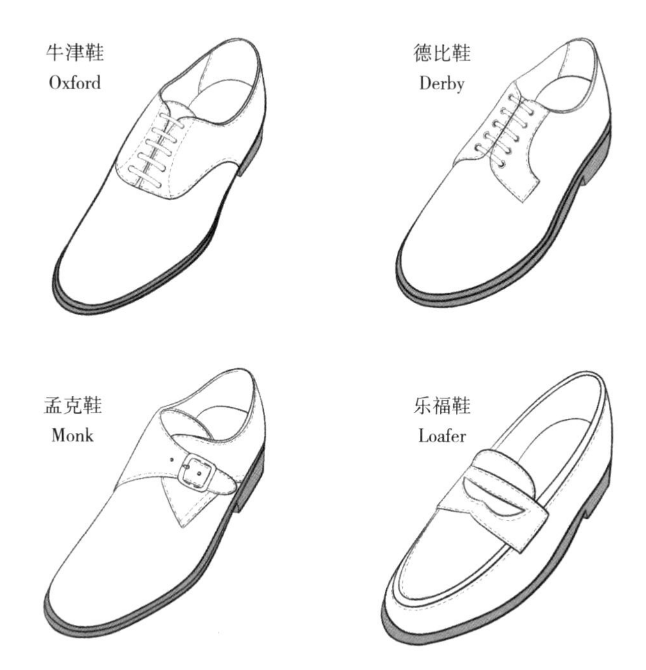

图5-16 四种主要的西装搭配鞋款

布洛克（Oxfords, not Brogues）。其实，布洛克（Brogue）不是鞋子的类型，它是鞋面的雕花工艺。通常根据面积和位置来划分，有全布洛克（Full Brogues）、半布洛克（Semi Brogues）、四分之一布洛克（Quarter Brogues）和长翼布洛克（Longwing Brogues）等不同的装饰手段。所以，这句话的正确理解应该是牛津鞋就好，不用太多雕花。

从头到脚，其实讲究的绅装穿搭还不止于服装、配饰，它离不开发型，当然，胡须也需要打理，还要保持良好的皮肤状态，最好再用一点香水，这是一个系统工程，每个环节都有自己的门道。可能有的人会觉得烦琐，但真正懂的人乐在其中。就像孔子说，知之者不如好之者，好之者不如乐之者。只有真正喜欢绅装，才能乐此不疲，用心穿搭。

至于如何才能爱上绅装，享受穿搭？首先要承认，以绅装为核心的男士造型，需要很多细节的打磨来补充完善。这的确是要花一番心思，不能简单搪塞对付。但是，如果把这些视为工作和任务，可能会觉得是一种负担；换个思路，把它们作为陶冶性情的生活休闲，会是一种更放松的心态。事实上，绅装的穿着可以被视为一种修身养性，所以在过去，这也是绅士养成的必要环节。

从穿搭的底层逻辑来看，绅装的穿着是从头到脚、从里到外的多重考虑，既要讲究整体性，不能有太多的亮点，避免杂乱；又要追求层次感，打破刻板与沉闷。所以，选择与搭配的过程，不只是审美的实践，也是在感悟一种取舍之道，在整体性与层次感的对立统一中，找到平衡点与分寸感（图5-17）。

所以，绅装在过去，是修养的外化，是社交的需求，讲究体面，穿对穿好才获得群体认同与接纳。而今天，你可以把它看作一种生活方式，与其花时间在一些无谓的事情上，不如静下心来，面对自己，借由穿搭，完成身心的对话。

这方面，美国心理学博士詹妮弗·鲍姆嘉特纳曾经出版过一本心理治疗的书籍：《正视你的内心，穿对你的衣裳》[1]。在她看来，衣着在很大程度上展现着人们的内心世界，是认知、不满和欲望的物化体现，也是人们如何理解自我与人生的外在表现。事实上，用心穿搭，绅装不仅能够提供情绪价值，让人感受到着装的乐趣，获得更多掌控感，而且它也能够切实有效地提升个人形象，由此带来更为自信而精彩的生活。

图5-17 绅装是一种生活方式：在选择中找到平衡点与分寸感

❶ 詹妮弗·鲍姆嘉特纳（Jennifer Baumgartner），书名为*You are what you wear You're your clothes reveal about you*，直译过来，叫作“衣如其人：你是你的衣着所展示的那个你”。

03 形象管理

前面说到绅装提升个人形象，英国心理学家凯伦·派恩博士（Dr. Karen Pine）发现，人们穿上某件衣服，会具有与这件服装相连的特征。不论是职业装还是休闲装，当人们穿上某件衣服，大脑会指挥人们按“此意义”来行事。这一点，在我们的访谈中，也有乔顿先生提到，穿上西服会自然而然地注意坐姿，而穿着休闲服，身体比较放松，容易显得松垮。由此可见，着装对人的形象有着重要的影响，着装本质上是一种形象管理，以及经由形象管理而进行的自我管理。

形象是现代人着装的终极目的，它超越了遮羞保暖的简单诉求，是人们寻求身份认同、建立群体关系、获得社会尊重、达成自我实现的重要手段。所以，形象管理超越了着装搭配的技术层面，它突出了着装的目的性。

印象管理：着装中的光环效应

形象管理的初级阶段是印象管理。现代社会，绝大多数人的绝大多数时间都是“装”出来的，服装不仅包裹着身体，也像一个“防御网”，架设在私密的内心世界与开放的外部世界之间（图5-18）。每个人都以服装为媒介向他人传递着自我概念，同时也与环境发生互动，从他人的反馈中修正或强化自我概念。

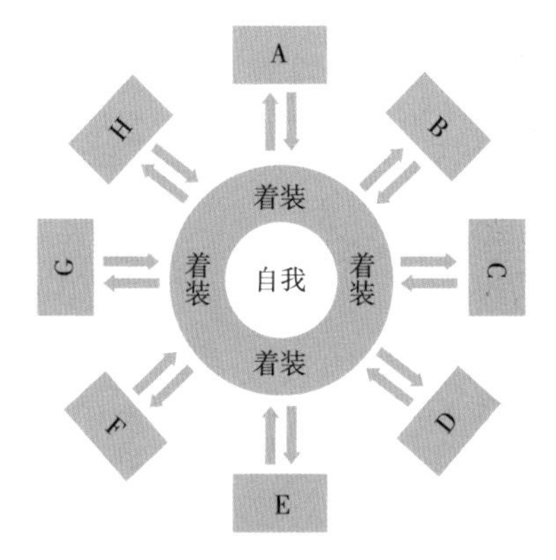

图5-18 服装是自我与外部世界的“防御网”

美国学者霍恩·玛丽琳（Horn Marilyn）将服饰比喻为“人的第二皮肤”。服饰与人相伴终生，却又不断变换。在儿童期，服装帮助个体建立认同，特别是性别认同；在青少年阶段，服装又对群体认同起到了重要的影响作用；进入成年期，人们逐渐适应社会，懂得了见什么人，说什么话，穿什么衣，学会了利用服装的变化来适应社会情境，实施印象管理。

说到印象管理，人们时常感慨：“知人知面不知心。”但是，在高度忙碌的现代社会，人们往往缺少深度的交往，知心者寥寥。所以，大部分人对彼此的印象都停留在表面，而这个表面印象里，有时候就是服装在说话。人们似乎“透过现象看本质”，比如看到一位穿着得体的商务男士，人们通常会认为，他富有教养，精明能干，其他方面也很出色，从心理学的角度来讲，这种现象叫作光环效应。

光环效应（The Halo Effect）又叫晕轮效应，最早是由美国著名心理学家爱德华·桑代克（Edward Lee Thorndike）提出来的。当时，桑代克研究了上级对下属的评估方式，发现军官认为一名英俊挺拔的士兵就该身手不凡；鞋子锃亮的士兵就该多才多艺。那些被评为“杰出军人”的士兵不仅在各项能力评估中得到比较高的评价，而且在外形和着装方面的评分也往往高于其他士兵。

桑代克将这种现象比喻为光环效应：某种被强烈感知的品质或特点，就像月亮的光晕一样，向周围弥漫扩散，从而掩盖了其他方面的真实情况（图5-19）。

图5-19 光环效应：着装成为加分项

作为一种普遍存在的社会现象，光环效应带有明显的主观色彩，它与人们的知觉习惯和人格理论相关。所谓“窥一斑而知全豹”，人们的知觉具有整体性，通常认为，一个人是什么样的人，会透过他的一举一动表现出来。所以，人们的认知和判断往往从局部出发，用着装来推断性格，用衣品来评判人品，将单方面的印象放大为总体印象。很少有人有精力和能力进行分项考察和综合评价。

所以，光环效应难免会出现以偏概全的社会错觉，而在社会交往中，作为着装者，可以有意识地利用服装来营造积极的形象，引发光环效应，促使他人对自己做出有利的正向评价。而作为观察者，则要学会分辨着装信息，避免光环效应，减少认知偏差。

第一印象：服装是一种无声的语言

其实，光环效应大多发生在人际交往的早期，所以印象管理特别适用于初次见面，也就是营造积极的第一印象。第一印象源于心理学中的首因效应，即人们最初获得的信息，在印象形成的过程中权重更大，通俗地说，就是“先入为主”。

第一印象之所以重要，不仅因为它权重大，而且很多时候，人们会直接根据第一印象做出选择和判断，如果就此出局，便没有了第二眼的机会。比如面试时，面试官不仅听其言观其行，还会打量面试者的着装，有时候着装的细节比一言一行更有可能影响到他们的决策。

其实不只是面试，在很多商务社交场合，大家都会不动声色地彼此打量，试图从对方的着装中快速获取信息。这让印象管理有了用武之地，通过有意识地调动着装元素，可以影响对方的印象形成。

一般来说，常见的印象管理方式主要有：①按照社会角色期待来着装，尽量符合大众的一般认知；②抬高或隐藏自我；③投其所好，按照对方的偏好来着装。印象管理本身无所谓对错好坏，它旨在建立积极有利的形象。而它之所以能够发挥作用，是因为服装是一种无声的语言。

美国加州大学洛杉矶分校（UCLA）的心理学教授艾伯特·梅热内比（Albert Mehrabian）曾经提出过一个沟通公式，即55∶38∶7。他认为，肢体语言可以传递55%的信息，语调可以传递出38%信息，而语言本身只能传递7%的信息。对应到我们的汉语中，这就是所谓“说话听声，锣鼓听音”。在沟通交流之中，要想听明白双方真正的意思，要善于听弦外之音。而这弦外之音，有时候不只是靠耳朵来听，还要靠眼睛来看，所谓察言观色，辨衣识人。

就像小说《福尔摩斯探案集》，在大侦探的眼中，端详衣着，如同翻阅一个人的简历，着装的细微之处最能反映问题。所以，唯美主义作家奥斯卡·王尔德曾经说过，只有肤浅的人才不会以貌取人。服装作为外貌的重要组成部分，不仅会说话，而且有时它比直接说出来的那些话，信息量更大。

形象管理：协调三原则

着装如此重要，每个人都应该“注意形象”，像重视言行一样，重视自己的衣着，有意识地进行自我形象管理。这不是所谓成功人士的专利，也不止于穿搭的技术层面。形象管理的初始阶段是印象管理，它偏重特定的情境，随着时间的推移，第一印象的作用会减弱，但是着装始终在人际交往中发挥着重要的作用。

所以，印象管理是短期策略，而形象管理是长期策略。除了利用着装来适应社会情境，适时适度地表达自我，形象管理要从目标出发，关注角色变化与社会关系（图5-20）。成功的形象管理不是财富的炫耀堆砌，更不是金玉其外的虚张声势，名牌固然可以提供某种意义上的加持，但是最为重要的，是适配情景、符合社会角色、表达自我、协调与他人的关系。

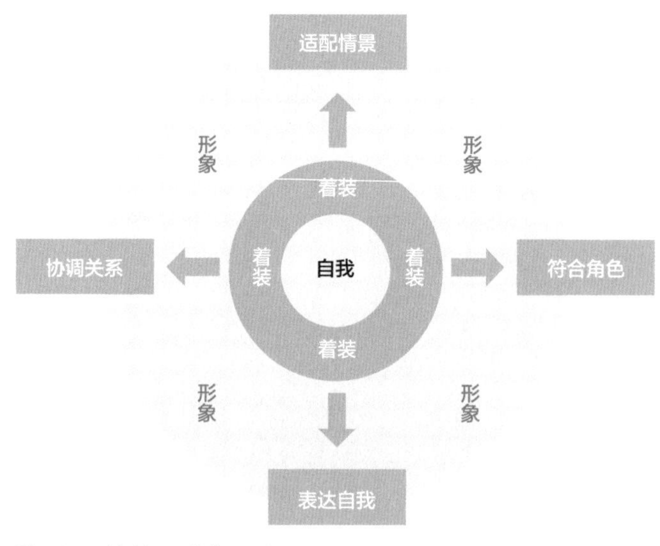

图5-20 形象管理：着装四要素

事实上，人们的着装，多数时间都不是一件纯粹个人化的事情。它既受到特定社会文化的影响，又与具体的出席场景、活动内容相关。我们即将面对的人，即将做的事，甚至随行的人都会影响着装的选择。

而从策略的层面来看，着装的目标是为了塑造有利的形象，它将管理思维引入其中。从形象管理的角度来看，着装有三个基本原则：个人偏好、礼仪规则、现实适配度（图5-21）。通俗地说，这三个原则对应的就是我喜欢穿什么、我应该穿什么、我适合穿什么。

首先，自我是着装的出发点，成功的形象管理基于人们对自身特点和个人偏好的认知，例如体型、脸型、肤色、五官量感等个人特点，或是在款式、面料、色彩等方面的偏好。但是，形象管理的重点不同于穿搭，这里主要强调着装与自我的协调。例如，在我们的绅装访谈中，有一位乔顿先生，他坦言个人偏好橙色，虽然他也知道自己肤色略黑，橙色不太适合他的肤色，但是不知道为什么，就是很喜欢这个颜色。这和最近流行的“多巴胺穿搭法”，其实有异曲同工之妙。像这种情况，尽量尊重个人偏好，哪怕是规定性很强的场合，也可以用一些小饰品来表达自我。毕竟，先悦己，再悦人悦世；满足个人偏好，可以令人感觉更自在也更自信。

即使没什么个人偏好，着装也不要盲目模仿他人。可以找一些和自己外形条件、气质类型相仿的人来做参考。最好是自主探索，很多时候，穿得舒不舒服，身体最有发言权。自我始终是形象管理的出发点，要相信，衣品是可以培养的，通过学习、观察和思考，不断积累，最终会形成自己的判断力和鉴赏力。从品牌、款式，到色彩图案，只有穿得自在，才能穿出自信与风格。

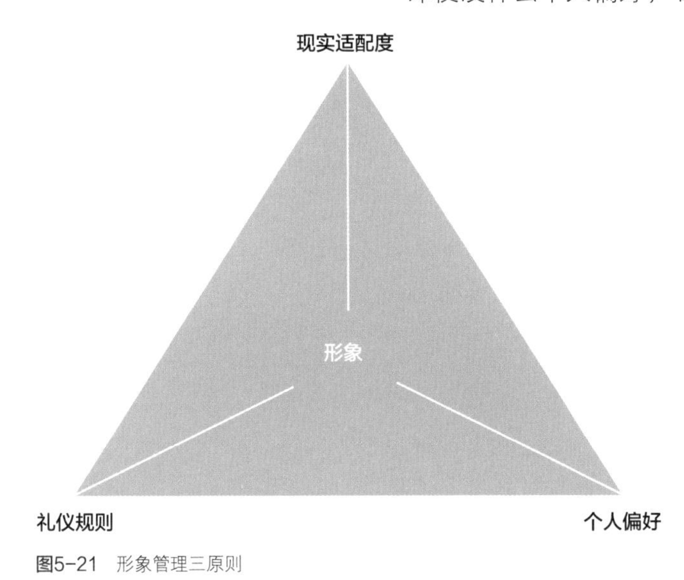

图5-21 形象管理三原则

其次，形象管理的三个原则，

犹如稳定的三角形，除了个人偏好，另一个基础原则是对多变的着装场合与礼仪规则的理解。在日本，曾经有一项调研，当被问及着装规范是否依然存在并且有所助益时，有九成的受访男性都给予了肯定的回答。

的确，男装不像女装那样讲求变化，在红毯上，我们经常看到女士千姿百态，争奇斗艳，而男士大多穿着稳重的深色礼服，甚至有点千篇一律的视觉疲劳。对于男性来说，不论从事什么职业，着装都要讲求规则意识，特立独行、挑战规则，很多时候是不被鼓励的。

最后，形象管理的三角形讲究现实适配度。在正式场合穿着不规范，或是该隆重的场合穿着随意，该休闲的场合穿得严肃，拿捏不好，都是某种失败。适配性就像Mr. Right，对的时间、对的场合、对的人，考验的是衣商，更是情商。

综合来看，形象管理的三原则就像人格的三重结构，个人偏好代表本我，一味追求我喜欢穿什么，放飞本我，过于率性。而礼仪规则代表超我，穿衣只考虑应该穿什么，把穿衣当成工具和任务，容易成为讨好型人格。而现实适配度代表自我，考虑我适合穿什么，在本我与超我中居间协调，这才是绅装真正的意味所在。说到底，好的形象管理是要帮助人更好地融入社会情境，提升形象价值，助力职业与生活的发展。

所以，在绅装衣橱那一章曾经提出，要用投资的眼光来看待男人的衣橱，置装不只是消费和支出，也是对个人形象的一种投资。除了一衣多穿这种提高资源利用率的搭配技巧，更重要的，是引入管理思维，超越技术层面，让衣橱发挥真正的作用，将形象管理提升到形象资产的高度。

如图5-22所示，着装作为重要的视觉元素，是个人形象不可或缺的组成部分。从印象管理到形象管理，再积累形象资产，这是一个循序渐进的过程。一般来说，具体的造型是印象管理，主要针对特定的情境；而形象管理基于目标和策略，形成相对稳定的风格；最终通过策略性的着装，积累形象价值，建立视觉识别和人设，将形象管理升级为形象资产。

对于大多数人来说，事业是安身立命的根本。很多时候，男

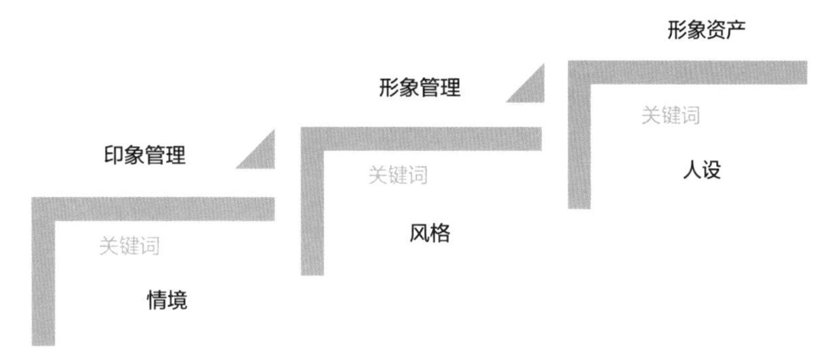

图5-22 印象管理—形象管理—形象资产的进阶

人为事业、为自己的社会角色、为责任而穿衣，因此，要像经营事业一样，管理好自己的形象，打造形象资产。通常而言，公司创始人/老板大多追求风格化的着装，这不仅可以提高他们的辨识度，还可以使他们的个人形象符号化，提升个人乃至公司的形象资产。而作为职业经理人，着装主要随行业、身份而变化，既要符合公司调性，贴合自己的职责岗位，又要处理好微妙的层级关系，适应多样化的场合需求。

而不论形象管理还是形象资产，都需要内在与外在的统一。说到底，着装是自我的投射，一个人改变自身的着装，其实是用着装来引导自己的生活朝着想要的方向去转变，犹如推倒第一块多米诺骨牌。所以，追求完满的人生，从穿对衣服开始。绅装文化博大精深，只有懂衣会穿，提升衣商衣品，才能更好地驾驭绅装，穿出它的气质与风度。为此，下一章，让我们一起走进乔顿先生，听听他们的绅装故事，看他们如何穿着绅装，通过着装成就更好的自己。

第六章

绅装故事

STORY OF
GENTRY ATTIRE

内外兼修

自信昂扬

独具一格

和而不同

……

这些词语描绘了这样一群人，

他们就是“乔顿先生”。

自2015年起，乔顿服饰每年从消费者中推举、评选出10位“乔顿先生”。他们来自全国各地，遍布各行各业，他们是各自领域的佼佼者，每个人都有自己的奋斗史，又和绅装有着不解之缘。在他们身上，闪耀着中国当代的绅士精神。

“合心、合体、合场”，这是乔顿的品牌理念，也是“乔顿先生”的着装理念。

人与衣，彼此成就，这是理念的契合，也是双向的奔赴。在乔顿的舞台上，无须聘请模特，“乔顿先生”就是最佳代言。他们把西装穿进日常，也穿出乔顿独有的精、气、神。

本章请读者走近“乔顿先生”的世界，倾听绅装故事，看他们如何以自己的方式演绎当代中国的绅装文化。

GENTRY
ATTIRE

绅装是时间的沉淀与打磨

——梁福

于我而言，在求学和探索世界的过程中，绅装也变成了一门学问。

姓　名： 梁福（2016届“乔顿先生”）

职　业： 大学教师

居住地： 浙江省温州市

我是一名大学老师，2002年去英国留学，也因此有了人生中第一套西装。这套西装陪伴我度过留学时光，我穿着它参加了一些活动和毕业典礼。由此，我也逐渐发现，着装要和所处的场合相匹配，而且颜色也很重要。于我而言，在求学和探索世界的过程中，绅装也变成了一门学问。

探源：在英国感受绅装文化

英国是现代绅装文化的发源地，在留学期间，我发现中国和英国在着装文化上确实存在差异，英国更注重仪式感和细节的把控。比如，学校里有位老师令我印象深刻，每次他来上课都会穿西服套装，虽然不打领带，但是优雅得体，举手投足间，有种绅士风度。

还有一次，我受邀去一位英国朋友家里做客，在他家的庄园看到一些家庭合影。在婚礼照片中，男性穿着那种比较传统的晨礼服，有人还戴了礼帽，真的很有仪式感。

平时在校园里，大家日常着装以帽衫、T恤、牛仔裤这类休闲服为主，到了每周三学生会组织的“学生之夜”（Student Night），来参加的男同学，基本上都会穿着比较绅士的西服套装。另外，一些节庆活动，比如新年、中国的春节，或者西方的圣诞节，很多人也都会穿着西装来参加活动。所以，不同的活动，收到邀请函或者请柬，大家会留心看上面的着装要求（Dress Code）。

而立：把西装穿进日常

从英国留学回来之后，因为当时国内没有穿着绅装的氛围，所以我除了结婚这种比较隆重的场合，很少再穿绅装，日常工作都是比较随性的休闲服。

不过，随着年龄增长，我需要转换形象。俗话说“三十而立”，我的内心开始褪去青涩，想要变得成熟稳重。恰好乔顿在我家附近新开了门店，我很认同他们提倡的“把西装穿进日常”这个理念，也关注了一些推广绅装的公众号，由此开始逐渐意识到，穿着绅装的场合有很多，它也可以穿出时尚感。

由此，我也开始各种着装实践，比如，开春我会选择白色的西装，既符合时节，又打破了深色西装的凝重。我还进行了一些绅装的混搭，比如，白色西装上衣搭配蓝色的西裤或者牛仔裤，让绅装更加风格化。

不惑：追求完美　拒绝焦虑

现在，我已经40岁了，心态有些变化。平时可能因为工作忙，对于着装的兴趣也有所减弱。我在工作中比较理性，对自己的职业生涯发展有详细规划。而在生活中，我又是比较感性的。过去，对于着装，我追求完美；现在，我觉得着装是怎么舒服怎么来，开心最重要。

当然，现在生活节奏快，很多时候，我也没空打理自己的形象。特别是夏天，我穿得比较随性。但是到了冬天，我还是挺享受穿搭的过程，几乎每天换一套不同的绅装。有时候，工作上有压力，我会刻意花些时间来打理着装，比如熨熨衣服，把皮鞋擦亮，这样反而可以缓解压力，让自己放松下来。毕竟，焦虑是一种很伤身体的情绪，我也不是躺平，而是按照自己的计划，一步一个台阶，顺其自然。

精神：表里如一　岁月沉淀

每个人都在不断地提升自我，都想追求完美。想起我在英国读书的时候，教授提到过Polish这个词，就是润色、打磨。在我看来，成为绅士也需要磨炼，要有自己的精神内涵、向上进取的态度、生活的正能量。

我觉得男性的魅力来自言谈举止和眼界。眼界是学识、阅历，也是独特的思想和见解，它都需要时间的积累打磨。而参加乔顿打造的绅装节系列活动，也开阔了我的眼界。它不只是着装搭配或者比赛，而是带着一种文化的视角去交流。作为一名教经济学、管理学的教师，从专业的角度来说，品牌如人，我参加了几届乔顿先生的活动，也切实感受到它在不断成长蜕变。不论是产品的款式、版型、工艺，还是活动的内容、水平，经过时间的打磨，在不断进步提升。

绅装分享

每个人的需求不同，我的购衣理念，首先是款式，其次是价位，最后是面料。套装一般我都是课题申报、项目汇报这种相对正式的场合才会穿，它可以提升个人形象，使人看上去更自信、更精神。不过，套装的使用率比较低，只是出于社交需要，总要备上两套。

我最常穿的还是单西，它可以适应绝大多数的场合，舒适度也比较高。在工作场合，单西穿起来既得体，又不会太过严肃；而在工作之余，不论是跟朋友去酒吧小坐，还是去喝茶聊天，它也毫不违和。单西里我最喜欢布雷泽风格，它的款式比较特别，搭配也灵活，既可以正式也可以休闲，像西裤、牛仔裤都可以搭。

至于配服，我也有很多衬衫，尤其喜欢穿白衬衫。春天，白衬衫搭配深蓝色或者黑色的领带，看上去干净利落。另外，我还喜欢穿大格子衬衫，它有一种学院气质。马甲我穿得比较少，一般都是穿在套装里。天气冷的时候，我更喜欢用大鸡心领的毛衣代替马甲。

其实，搭配最终还是要从个人特点出发。像我的脸型属于比较有量感的，小领口会显得脖子短，所以我喜欢戗驳领，会尽量避免一字型衬衫。下装方面，春天的时候，我喜欢搭配外翻裤脚的九分西裤，这样裤脚看起来呈锥形，会比直筒裤显高。

采访手记

梁福先生曾经求学英国，那里是现代绅装的发源地。作为大学教师，他有着温文尔雅的气质，同时他并不拘泥于刻板的着装形式。他心态成熟，注重细节，讲求品质，经过不断地打磨，梁先生积累了丰富灵活的穿搭经验，建立起自己的审美品位与生活节奏。

GENTRY ATTIRE

绅装的兼容性与自由度

——○ 陈文彬

在穿着绅装的过程中，我逐渐意识到，着装其实是一种度的把握。

姓　名：陈文彬（2017届“乔顿先生”）

职　业：企业主

居住地：浙江省温州市

我主要从事造纸行业，2017年成立了一家公司，因为经常要和银行、上下游的企业打交道，有了各种场合需要，不能再穿原来那种松松垮垮的休闲服，我才开始真正穿着绅装，也由此感觉到它所体现的诚意和尊重。我主要穿单西，因为在日常的场合，不想把西服穿得太正统，让对方感觉严肃与刻板。所以，也是在穿着绅装的过程中，我逐渐意识到，着装其实是一种度的把握。

绅装：美好纪念与偶像情结

2014年，和很多年轻人一样，因为结婚，我买了人生中第一套西装。后来由于身材发生变化，这套西装基本上已经穿不下了，但我依然会把它留作美好的纪念。

回想二十多岁的时候，我喜欢穿一些比较有潮流感的服装，除了结婚这种隆重的场合，平时基本上不会穿绅装。但是，我对《教父》这部电影印象深刻，特别喜欢马龙·白兰度在电影中的绅装造型。

平衡：绅装的兼容性

随着年龄渐长，新公司成立，我经常要在一天之中，见各种不同的人。我觉得，着装和工作环境有很大的关系。温州这个地方可能给外人的一个印象，就是老板多。尽管业务规模不同，但称呼起来，一律都是“老板”，这也是我日常打交道最多的一个群体。而在一天之中，面对不同的老板，着装的情景场合也有所不同，我需要寻求一种变通与平衡。相对来说，绅装能够适应这种场合的切换与变化，具有比较强的兼容性。

情义：绅装的事业运

其实，我们做生意的人，做久了之后会有一个很有意思的现象。如果某次合作谈得很成功，会对当时穿着的服装和搭配有特别的好感。

比如，我有一次生意谈得很顺利，当时穿的是蓝色单西，搭配了一条深色的西裤，里面是衬衣。可能下次我碰到很重要的场合，再去谈事情，我还会考虑穿这套衣服。这或许是一种心理暗示，也说明衣服与人有一种特别的情感联结。

自由：绅装的真性情

在日常工作中，我的整体风格还是偏轻松一些，很少穿西服套装，以休闲西装为主，一般就是单西内搭白色或者黑色的T恤，配板鞋、小白鞋。这也与我的工作氛围有关，我觉得如果穿得太正式，去谈一些项目合作，会显得不够接地气，也容易给对方造成压迫感。

在色彩方面，我偏爱天蓝色、湖泊蓝、橙色这些亮色。尤其喜欢橙色，它和我的反差比较大。我因为喜欢打网球，晒得很黑，一般皮肤黑的人不适合搭配橙色这类跳跃、明亮的颜色，但我喜欢穿橙色的运动衣，运动时戴的手环也是橙色，还有一个橙色的网球拍。

或许每个人都是矛盾体，我的生活一直按部就班，比较规律，做事也很理性，但是可能内心还是向往自由。所以，在着装方面，我喜欢撞色和对比明显的色彩搭配。在我看来，套装或者同色系比较保守，不容易出错，而撞色可以打破套装的沉闷，告别千人一面，更时髦高级。

这或许就是绅装的自由度，既有所谓的规则，又有个性化的选择，通过不同的组合搭配，每个人都能把绅装穿出属于自己的味道。

品德：绅士的人格魅力

说到绅装，大家肯定会想到绅士。但绅士不单单是会穿衣服，或是帮女士开门这么简单。我觉得绅士重在品德，是内在美好的人，有高尚的人格、侠义的精神。

而男性魅力也在于此，要超脱世俗，有使命感和自己的思想。我认识很多老板，感觉大多数人都在关心如何赚更多的钱，真正有思想、有温度、懂生活的企业家很少。其实，我们日常接触的大部分人，也都是行业内的，可能平时会带着一些功利性去社交，跨行业认识的人并不多。而在绅装节活动中，大家因绅装而结缘，我认识了来自各行各业的人，大家分享穿衣心得、工作和生活的状态，相处简单也很放松。彼此会学习借鉴，也遇到一些特别有能量的人来进行思想交流。

内省：重新定义成功

近几年，我的社交明显减少了，重新回归生活。现在我对运动比较痴迷，享受运动带来的快乐，我会尽量避免应酬和酒局，懂得珍惜生命和身边的人与事。

从工作的角度来说，我觉得如今每个企业家都非常不容易，企业能存活下来，维持经营，持续发展，这就很了不起。而我现在的方向和路线也变得更加清晰，认识到自己真正需要什么，应该去做什么。我觉得，成功的标准有很多，不一定要赚到多少钱，或者企业上市才是成功。我们需要重新去定义成功的意义，每个人都应该找到属于自己的成功。

绅装分享

基本上，我每天都穿西装上班，日常办公以单西为主，针织材质的内搭，很少打领带；但是像一些重要的商业谈判、客户会晤，我肯定会穿西装搭配衬衣。还有一些大型晚宴，或是作为代表出席一些会议，这些场合我要穿得更为严谨一些，会选择西服套装。

对于绅装，我比较倾向于定制，成衣买得少。因为成衣都是按照标准号型，通过流水线生产的，而我们每个人的身材其实是不一样的。我觉得绅装很考验身材，所以买成衣很难体验到定制服装那种扬长避短、修饰身材带来的价值。

在版型方面，我比较喜欢日式，更修身。搭配方面，我的衬衫基本上以条纹图案为主，因为自己的脖子比较长，我会选择领面大一点、比较挺阔的领型。此外，在工作中，要给人一种干净利落的印象，不能有凌乱的感觉，所以我一般不太讲究装饰，只搭配手表，再加一枚戒指。我会根据场合，选择皮质或者钢链的表带，打造一丝不苟的形象。

采访手记

陈文彬先生年轻有为，不仅世事洞明、人情练达，而且他兼具理性与感性，也有充满活力的一面。他很坦诚，会倾听内心的声音，但更多的时候，他默默地承担着责任。陈先生的绅装既有体现这种责任感的理性严谨，也有展露内心的休闲混搭，撞色似乎是他这种矛盾性与兼容性的表征。而随着时间的沉淀，相信他会变得更加自在自如，平衡从容。

GENTRY ATTIRE

绅装是一种社会性着装

——李松

作为商务人士，绅装能够在职业场合中体现尊重，保持专业形象。

姓　名：李松（2018届“乔顿先生”）

职　业：金融投资人

居住地：辽宁省大连市

我曾经在日本留学、工作，回国后主要从事金融投资行业。这个行业比较看重着装，所以，如果只考虑个人偏好，我可能会穿得比较舒适随意，而身在这个行业，作为商务人士，又是公司高管，我必须要穿西装。于我而言，绅装能够在职业场合中体现尊重，保持专业形象。

留学日本：绅装初体验

回想起来，我第一次穿西装，还是大学毕业前准备留学面试。之前我在学校是运动员，经常穿运动服，所以穿西装感觉有点束缚，但是看上去确实比穿运动服显得更干净利落。

去日本留学，上课其实穿得也比较随意，但是一些重要场合是需要穿西装的。而在兼职打工的地方，每天都要穿西装，半年左右就要买一套新的。基本上，这个阶段的着装主要是为了符合工作场合的需要，没有刻意讲究，也谈不上为了更好的形象。

规则秩序：感受日本职场

后来，我留在日本工作，几乎每天上班都要穿着西装，也由此了解了日本的着装文化。日本讲究着装规范，很多时候，西服就是工作装。例如，日本的政府部门、公务人员，上班不能穿休闲服，即使天气再热，也要全天候地穿着西服套装。而律师、金融从业者，会更多地选择定制西装。至于普通公司的职员，尤其是新进职场的白领们，大多选择比较平民化的品牌西装，好看不贵。而大学教师，除了穿西装，还可以有白衬衫配西裤的穿法。

在日本，因为需求量大，不同身材、职业的男性都可以找到适合自己的西装。这里既有中高端品牌，也有专门为学生面试准备的西装，款式多样，档次细分。日本的年轻人大多偏爱修身的

版型，而年长者可能更喜欢规矩、正统一些的款式。同时，为了适应不同的穿着需求，日本还有很多花式的产品开发，比如为了防暑，有一种后背掏空的衬衫，专门穿在西装里；其他像速干、防水、防污、防皱等功能也开发得比较充分。

讲究体面：注重仪容细节

为了更好地搭配西装、塑造整体形象，日本人还会注意鞋子、皮带等配件的应用，在仪容方面尤其讲究。在日本，男士普遍都会修眉，即使到50岁也不例外，他们的眉毛看起来比较规整，胡子也有专门的剃须刀和电动塑形工具来修整，鼻毛也会修剪得很细致。

发型更为讲究，可能穿的衣服不贵，但是在发型方面的投入很大，会买各种定型、造型的美发产品。并且，他们会根据出席场合、搭配着装的不同来调整头发的朝向和硬度。这些对于细节的强调，让日本男士的形象变得更为干净体面。

形象进阶：有意识地积累

在日本养成了穿着西装的习惯，回国之后，我开始有意识地关注自己的形象，包括着装的场合与搭配，会考虑面料、版型，也会挑选合适的皮带、鞋子，注意颜色是否协调。

这一阶段，我的绅装知识更加丰富了，我会注意细节，比如领带打到什么长度，是否佩戴领带夹。同时，随着收入的增加，我对西装的档次也有了更高的要求。以前是去日本带两三套西装成衣回来，现在我主要是在国内定制西装。

“中规中矩”：绅装的型与格

绅装能够很好地修饰身材，扬长避短，但是每个人要根据自己的身材去选择。之前我的体型偏瘦，所以选择日韩版型，显得比较精干；后来我开始健身，体型发生了变化，现在我选择欧美版型比较多。选好版型，有时平价的西装也能穿出大牌的感觉。

除了合身合体，穿着绅装还要匹配自己的着装场合与角色定位，这也是我所谓的“中规中矩”。一般情况下，我不希望自己受到特别的关注，如果与周围人的反差太大，会让我感觉尴尬。例如，大家都穿休闲运动服，而我穿一套绅装，这种情况，再讲究的绅装也穿不出那种感觉。所以，着装的环境氛围对我来说很重要，有时候，我也想尝试像国外那样比较时髦的绅装穿法，但是感觉周围缺少这种气氛和情调。

包容多元：绅士精神与绅装文化

“绅士”是个外来词，对应在中国文化，应该是君子的概念。所谓谦谦君子，我觉得是礼仪修养，要干干净净、衣着得体；要理解和尊重女性，说话做事要有涵养。这不是表面功夫，也不是用物质堆砌、伪装出来的，而是发自内心、由内而外的一种包容。

这些年，中国男士逐渐意识到着装是一种商务礼仪。尤其是在中国的一线城市，很多人穿上了绅装，有些人还开始穿定制。但是比较而言，国内尚未形成足够的氛围，还做不到真正的讲究；甚至一个人穿得太讲究，反而有可能被人们觉得与环境格格不入。

而在时尚国家，比如像意大利、法国，他们有着更为宽松的着装环境，很多人花心思打造自己的形象，传递自己的品位，追求个性化的着装。从这个角度来看，乔顿打造的绅装节系列活动，对于普及绅装文化、提升国人的着装自信、推动着装多元化是十分有意义的。

绅装分享

我一般会在公司准备四五套可以适应不同场合的西装，方便替换。其实，不论日常办公，还是商务社交，不论是面对投资界的商务人士，还是面向政府部门的工作人员，我的着装没有太大区别，都是中规中矩的套装。所以不论成衣还是定制，我只需要在一定的品牌范围内去挑选，平时出门也比较简单，不用过多考虑。比较而言，如果经济条件允许，个人建议可以尝试定制，用料讲究，也更贴合个人的身材。

在工作场合，基本上周围人怎么穿我就怎么穿，但是在工作之外，我会选择多一些点缀，比如颜色上出挑一些，或者是叠穿、混搭，配运动鞋、板鞋、休闲裤、卡其裤等。

在服装搭配方面，我的重点是皮带、鞋子和手表，我会考虑很多细节，比如鞋子是尖头还是圆头，鞋带应该是什么样的，袖口的长短……这些细节的考虑也是为了中规中矩。我喜欢的搭配元素是手表，手表可以提升人的精气神，让人感觉更加自信。

采访手记

李松先生思路敏捷，开朗健谈，风趣幽默。出于工作的原因，他的着装关键词，反复强调要“中规中矩”。不过，就像他所从事的金融行业是风险与机会并存，他的着装其实也可以有更多的可塑性与可能性。他有着很强的运动天赋，身材也保持得非常好，完全可以为绅装带来更多时尚化、个性化的气息。只是他认为，这需要外部大环境的整体改善。相信随着乔顿先生评选以及绅装节系列活动的持续举办，国内的绅装穿着氛围会不断提升，未来国人也能将绅装穿得有型有款、有趣有范，让个性化着装有更多的发挥空间。

GENTRY
ATTIRE

绅装是谦谦君子的风度

——○ 齐光亮

绅士精神就是一个男人的修养，
是严格要求自己的一种态度。

姓　名：齐光亮（2018届“乔顿先生”）

职　业：企业主

居住地：江苏省苏州市

我从事纺织行业，2003年开始自己创业。这么多年，从研发到制造，从生产到销售的产业链，我都有所涉及。对我来说，穿绅装并没有什么束缚感，我年轻的时候就喜欢西装，一直觉得绅装更适合我。

穿着绅装是一种习惯

我第一次正式穿西装是结婚的时候，当时流行的款式还是三粒扣。后来穿绅装的机会也不太多，大概每周会有一两次。随着年龄的增长，三十岁以后，我成了一个“绅装控”。这可能也和我的性格有关，我比较安静、内敛，也更重逻辑，偏理性。所以，我基本上都是以西服套装居多，颜色也都比较稳重，穿上这样的绅装，让我感觉更正式，也很绅士。

现在，穿着绅装已经成为我的一种习惯，融到骨子里。除了运动时会穿得休闲一点，在工作和生活中的大部分时间，我都是以穿着绅装为主。

衣如其人　沉稳内敛

绅装的规范性比较强，特别是我主要穿套装，搭配相对简单，早上可以很快出门，比较有效率。我的生活作息比较规律，不喜欢凑热闹扎堆，一般也很少去人多的地方，平时爬爬山，亲近大自然。

我觉得找到一个适合自己风格的品牌，就像找到一家很合口味的餐馆，会让人感到踏实和温暖。我认识乔顿，就是这样一种感觉。当时它在苏州开店，也没做什么推广，就是走进店里，感觉每件衣服看着都很顺眼，接触起来，也很喜欢它的品质。我觉得乔顿的设计理念很适合我这样的商务男士，它的色调比较柔和。对于外界来说，一般看到像我这样的穿衣风格，大概率也能感受到，我的性格是比较沉稳理性的。

专注做事的男性独具魅力

其实，我这种性格，可能多少也是受工作的影响。我和一些日本企业有合作，我觉得他们的时间观念和着装理念，值得我们学习。他们对每一件事都很认真，我从他们身上学到了专注执着的态度，感觉只要下定决心，认真做事，就能把事情做好。所以，从我的角度来说，我觉得男人还是要内敛一点，专注做事本身就是一种魅力。当然，着装对于男性魅力也很重要，它代表了一个男人的形象，还有言谈举止，要从容得体。

绅士精神在于自律沉稳

我觉得绅士精神就是一个男人的修养，是严格要求自己的一种态度。无论工作还是生活，包括子女教育，都要自律精进，要努力把每件事做好。有的人可能在工作和生活中的反差比较大，我是对自己各个方面的要求都很严格，平时更关注国际关系、宏观经济类的新闻。

这两年，我所在的纺织产业受到一定的冲击，但是我对未来依然保持积极的态度。这种时候，我们更要稳住自己的心态。我最近还在建设新的生产基地，也想由此向外界传递我对未来的信心。

绅装分享

基本上，工作的时候我都是穿西服套装，日常办公，我基本上不打领带，颜色比较轻松一些；这类着装也可以参加一些工作之余的朋友聚会。商务接待时，我会打领带，西装的颜色基本上也是以深色为主，更显稳重。但是有时候，不系领带会显得更亲切一些；而在一些酒会上，深色西装显得过于隆重和严肃，我会选择浅一些的颜色。

总体上，穿着绅装，给人一种沉稳可靠的印象。其实每个人都有适合的颜色和款式，找到属于自己的才是最好的，未必要追求大牌。我一般最看重的是面料和款式，其次是颜色的搭配。面料我比较喜欢毛纺，穿起来更舒服；款式一般我选两粒扣，单开衩后摆。

我一般穿着套装，所以搭配方面主要是挑选衬衫的颜色，为了和整体风格统一，我的衬衫基本上都是净色。其实我对色彩比较敏感，也知道每年的新款、流行色，但这些并不一定适合我。我会保持与时俱进，但不盲目追赶潮流，会根据自己的审美和经验加以辨别。

采访手记

齐光亮先生的外表看起来温润如玉，他的性格安静内敛，做事专注，对自己要求严格。多年从事纺织行业，齐先生对色彩比较敏感，但是他不追流行，不惧变化。穿着绅装对他来说，更多的是一种习惯，也符合他严谨自律的品格。从他身上感受到中国民营企业家的韧性与信念，在充满不确定性的当下，他这份笃定、沉稳，也给人们带来信心和鼓舞。

GENTRY
ATTIRE

绅装与生活美学

叶建敏

我喜欢绅装，因为它经得起时间的考验，
是一种岁月的沉淀

姓　名：叶建敏（2018届“乔顿先生”）

职　业：美发沙龙主理人、摄影师、改装车玩家、园艺爱好者

居住地：浙江省温州市

我是一名美发沙龙的主理人，也是微博平台的第一批达人。在2020年，我曾做过志愿者，去给医护人员理发。这件事情让我非常有感触。一方面，我很荣幸，能够为社会贡献一份绵薄之力；另一方面，之前做发型是为了美，但是特殊时期，理发成了一种刚需，这也让我重新审视自己的工作。

形象：我的美学名片

我的兴趣爱好比较广泛，都是与美有关，也是审美与手艺的结合。因为爱美，最初我选择了美发行业。因为想要记录美，我开始学习摄影，如今，这也是我业务的一部分。当然，还有穿搭，这既是我的爱好，也是职业的需要。在工作中，我的个人形象就是我的名片，事关他人对我的印象。

至于改装车，我在社交媒体上也收获了不少点赞，我不做技术流的专业改装，主要按自己的喜好，对车的外观和内饰进行改造，在颜值和美学方面进行提升。我还喜欢园艺，养了很多盆栽。园艺其实是一件很有难度的事情，照顾花草非常花心思。懂的人都知道，能把花园打理得这么漂亮，只有细心的人才能做到。

绅装：低调却自成一格

2016年前后，因为有些正式场合的需要，我买了西服套装，由此开始接触绅装文化。现在，我一般都是在自己的美发沙龙里穿着绅装，不过，套装显得太严肃了，我穿单西、混搭的情况比较多。

在美发沙龙，人们都很注重潮流和个性，穿着搭配比较有型。我其实比较随性，不太关注潮流。绅装的造型，在这里比较少见，这也符合我一贯的风格。我属于在人群中比较特别的，但又不是

很扎眼、很夸张的那一种。在我看来，穿着绅装给人感觉气质比较好，也给人一种正式感。

复古：简单高级成就经典

我的日常穿着以休闲风格为主，并不是很潮流的类型，也不喜欢那种“张牙舞爪”的风格，但是我要有自己的个性特质。我属于比较内敛的性格，追求一种简单的高级感。其实，越是简单耐看的设计，越要花心思。流行是大众的，很好模仿，但也很容易过时。

我喜欢绅装，因为它经得起时间的考验，是一种岁月的沉淀。我偏爱复古风格，它给人的感觉更大气，经典也不容易被淘汰。我从去年开始接触中古西装，会去实体店和线上搜索，比如一些格子图案的绅装。中古西装每件都是独一无二的，需要花时间来挑选。

匠心：手艺人靠作品说话

现在是高科技时代，但是人工越来越珍贵，所以我对自己的定位不是老板，而是一个手艺人。我的两门手艺——美发和摄影，都是自学的。我相信自己的创作，这是我二十多年来沉淀的经验。我比较有个人的想法，但是不太会讲理论，都是直接拿作品来说话。

这些年，通过自己的努力，我的梦想基本上都实现了，所有的事情都是按照自己的喜好来进行的。对于未来，我没有制定什么宏大的目标，因为我一直在探索、学习，更新我的作品，不断成长，我觉得能一直保持这样的状态就很好。

绅装分享

我是一个比较随心、感性的人，通常都是凭第一眼的感觉选定服装。我的绅装以经典款居多，最喜欢简洁的黑白灰色系，偶尔也会尝试各种不同的风格，但是不会用太多的元素。色彩上，我倾向于一套造型在三色以内，会选好主打色和点缀色。我很少搭太过花哨和跳跃的亮色，这样的颜色我感觉自己驾驭不了。

如果不是那种隆重的场合，我喜欢用单西进行混搭，或者将不同的西服套装拆开进行重新组合。我也会在西装里面搭配衬衫，但不会穿得太过正式，而是穿出自己的感觉。除非是很复古的造型，我很少打领带。版型方面，我以宽松为主，有点Oversize的感觉；我喜欢比较随意的风格，有时西装会特地买大一号。因为合身正好的西装，造型的变化空间有限；而大一码则需要花心思去搭配整体造型，比较有挑战性。

另外，我也在尝试新的发型，发型对形象的影响非常直观，它在着装搭配方面起到了比较关键的作用，不同的发型会打造出整体风格的差别，甚至会给人改头换面的感觉。

采访手记

叶建敏先生在乔顿的客户里，是比较特别的一种存在。相较于商务人士，他属于艺术家的性格，但是他的自我定位是手艺人。手艺人不善言辞，靠作品说话。叶先生不擅长表达，但是有自己的独立思考。对于想要什么样的生活，对于流行趋势，他有自己的判断，这是一种审美自信。所谓“君子和而不同”，叶先生把绅装穿出了自己独特的感觉，特别是他的混搭能力很强，丰富和拓展了绅装的时尚表达。

GENTRY
ATTIRE

绅装见证我的艺术人生

——○ 赵扬

我对绅装充满了感情，因为它见证了我的青涩年华，展现了我的舞台风采，也助力我走上荣誉的殿堂。

姓　名：赵扬（2018届“乔顿先生”）

职　业：主持人、音乐剧演员、公益“悦读会”发起人

居住地：山东省烟台市

我是一名文艺工作者，作为主持人，主要负责主持烟台市政府的大型活动；我也是一名音乐剧演员，经过层层选拔，2018年有幸作为男主角出演了原创音乐剧《孙思邈》，并荣获多个奖项。演出结束后，我沉浸在角色中，被孙思邈无私奉献的故事打动，同年，我发起创立了“阳光普照悦读会”，希望通过阅读与舞台演出的公益活动，传播大美文化与人间真情。游走于不同的艺术领域，从事不同的艺术工作，绅装与我始终相伴。

神圣感：绅装开启最初的梦想

16岁，我第一次穿上西装，从2000多名参赛者中胜出，入围了烟台市中学生卡拉OK大奖赛的决赛。当时认为上电视是件非常隆重的事情，所以我辗转向同学的父亲借了一件西装。这次比赛为我打开了新世界的大门，而西装见证了这个时刻，我由此走上艺术之路。

直到现在，我依然认为只要穿上西装，我要面对的事情和场合就变得非常重要，有种神圣感。所以，一般我穿西装主持活动，哪怕4小时，为了防止出现褶皱，哪怕中间候场我也会一直站着，我要保持对服装的尊重。

自信心：由内而外的魅力

我对绅装充满了感情，因为它见证了我的青涩年华，展现了我的舞台风采，也助力我走上荣誉的殿堂。在我心里，每件衣服都是有故事的，陪我经历生命中的一段时光。记得刚踏入工作岗位的时候，我在北京买过一套西装，那时事业刚刚起步，想买好一点的西装；因为很贵，所以去店铺看了两三次才狠下心来购入。后来还有一次，我去上海主持活动，买下了目前最贵的一套西装。

曾经的我，渴望通过着装来提升自信，在那一阶段，它们起到了积极的心理作用。

随着时间的推移和人生阅历的丰富，我的心态也发生了变化。我不会再盲目追求高价，即使穿平价的绅装，我也能保持自信。因为自己有了足够的底气，也明白男性魅力，不在于服装的价值，并不是穿上贵的衣服，就是有魅力的男人，由内而外散发光芒才是真正的魅力所在。

区分度：用着装打造不同的人生状态

比较而言，我属于双向性格，工作的内容也比较多面。一般绅装主要是在主持活动和一些正式场合穿着；演出时有演出服，而在排练和彩排的时候，我喜欢穿宽松的休闲运动装。这样正式登台会有种反差，给大家呈现不一样的感觉。

至于做公益“悦读会”，每期的主题不一样，我会根据当期主题来着装。而当导演的时候，我一般会选择带有禅意的中式服装，希望呈现一种儒雅、有文化底蕴的状态。

在工作之余，我很享受独处时光，一般穿得比较休闲。我也尝试过西装的混搭，比如内搭白色的圆领T恤，配礼帽和白色的板鞋，这样的造型阳光帅气，适合夏天，有种度假风。我很喜欢一个人散步，观察各路行人，看每个人的状态、表情，这既是一种专业积累，也是一种生活乐趣。

敬畏心：绅士精神是热忱和严谨

我对服装的尊重与情感，也来自我对舞台的敬畏心。每次站在舞台上，我都觉得像是在迎接新生命，特别是下乡演出，我会格外认真。我希望我能坚持初心，自从“悦读会”成立以来，我陆续执导了中国的经典话剧《雷雨》、原创舞台剧《孔雀东南飞》，都非常受欢迎。我们的演员其实都是一群没有受过专业训练的“小白”，大家自筹经费，投入满腔热血来做事。所以，对我来说，绅士精神就是热忱、认真、严谨，有责任感，尊重他人。我也希望能够在舞台上站得更久一点，把我的真诚美好，以及对生活的热爱传递给每一个人。

审美观：每个人要为自己的形象负责

我觉得穿绅装可以提升男人的气质，就像穿军装、制服能够增加男性的魅力。但是，一定要注意整体搭配，从袜子到皮鞋、领带、手表、包袋等，我很在意造型的整体感。

其实，形象是每个人审美的体现，人要为自己的形象负责，我最在意的是干净得体。我也很享受着装搭配的过程，如果不做主持人和演员，我可能会成为一名造型师。每次主持或者演出，我的造型妆发都是亲自上手，有时我还会帮别人化妆、搭配服装。可能在这方面，我有些天赋，但更多的还是后天的培养训练。因为职业的关系，我特别关注时尚领域，对流行保持了敏锐的嗅觉，我也会看央视的节目，以央视的大国风范为标准。

绅装分享

因为工作的原因，我必须经常穿着西装。一般主持政府方面的活动，我首选戗驳领的西装，我觉得它代表了一种公正、公平。如果是主持签约仪式，我会选择银灰色或者浅灰色的西装，整体给人的感觉是非常干净、干练的形象。主持政府的招待晚宴，我会选择偏亮色的服装，表现出一种热情的状态。有时需要在户外主持，冬天很冷，我有一套乔顿的羽绒西装，特别实用，每次穿出去都会收到很多称赞。至于外事活动，我会根据主办方的着装要求，提前准备，通常会在着装要求的基础上，更加讲究一些。

在置装方面，我属于眼光比较长远的，会选择能长久穿着的服装。我也很在意版型，喜欢有些设计感的绅装。我建议男人一生当中必须要有三种颜色的西装，那就是黑、灰、蓝。其中，灰色是我最常穿的，而蓝色系不挑人，各种场合都可以穿，不仅好看，还显得很干净。而在搭配方面，我觉得白衬衣最安全百搭，不会出错；想要提升时尚度，也可以尝试同色系衬衣，包括领带和口袋巾的色彩呼应，这种整体的色系搭配，要有浅有深。

采访手记

赵扬先生才华横溢，活跃在多个舞台之上，身兼主持人、演员、导演、公益“悦读会”发起人等不同角色。他很感性，对绅装饱含深情，对生活充满热爱。从16岁穿上西装那一刻，他不仅开启了自己的艺术人生，也由此与绅装结缘。多年来，他对着装保持了十足的尊重，也十分在意细节。他对服装搭配有很多巧思，也颇具天分，为自己打造出多变的绅装形象。

GENTRY
ATTIRE

绅装情结成就形象优势

——许耕

穿着得体，不仅是对别人的尊重，
也让我更有自信。

姓　名：许耕（2020届“乔顿先生”）

职　业：私营企业主

居住地：山东省淄博市

我现在自己做一家外贸公司，主要经营服装、化妆品、生活用品。大学期间，因为身高优势，我曾经加入过模特社，用兼职演出的钱买了人生中第一套西装。大学毕业后，我在航空公司工作过一段时间，当时还做了一个穿搭类的抖音账号，没有公司和团队，自己一个人做到大约20万的粉丝量。

后来转型做外贸公司，忙于工作，没有时间再去打理账号，但是我的着装风格一直保持不变。在航空公司工作时，基本上都是穿制服；现在自己做公司，夏天即使不穿西装，我也是穿衬衣和POLO衫居多。其实，大学的时候，我买西装也是希望自己看上去更稳重一些。追溯起来，我的绅装情结，主要来自家庭的影响。

耳濡目染：着装是对别人的尊重

我成长在一个大家庭，基本上每周都有聚会。这种家庭聚会，大家都穿得比较正式得体。所以从小父母对我的着装以及形象要求都比较高。

我父亲自己做生意，经常穿西装，很早我就从父亲和朋友们的聊天中知道了乔顿这个品牌。我母亲从事服装生意，父亲的服装一般都是她帮忙购买，所以我也曾经跟着她去乔顿门店帮父亲挑选服装。这样在父母耳濡目染的教育下，我觉得人一定要注意着装，这是对别人的尊重。

穿着得体：自信带来形象优势

我平时很注意个人形象，我的性格偏外向，喜欢运动，涉猎的项目也很广泛。不过，我很少选那种纯运动的款式，因为着装可以影响一个人的行为。比如坐姿，如果穿T恤短裤，人容易坐得松垮，穿上衬衫西装，就比较端正。

穿着得体，不仅是对别人的尊重，也让我更有自信。就像很多朋友和我说，形象好，长得帅，有一定优势。我觉得，那是因为只有让人看着舒服，人们才会想要与你进一步交流、接触，这就是形象的优势。

形象管理与男性魅力

因为做外贸，我认识了一位韩国朋友，他长相普通，但是擅长搭配和个人形象管理。他说，韩国男人在这方面普遍投入得比较多，不只是时间和金钱，也肯花心思。在他们看来，一个人如果连自己的形象都不注重，就缺少事业心和生活的劲头，甚至可能会因此受到排挤。比较起来，中国男人在形象管理方面，还需要多加努力。

其实，在我看来，有魅力的男性，首先要有良好的修养；其次是谈吐文雅，衣冠得体；最后，他要和各种各样的人沟通相处，形象管理的价值要通过良好的人际关系体现出来。

绅装分享

我家有一个衣帽间是专门用于放置西装的。成衣的码数是固定的，健身后肌肉发生变化，胸和肩的部位不是特别合身，所以我现在定制的绅装多一些。我最喜欢的一套绅装是参加乔顿先生评选，根据我个人的形象、气质，由乔顿为我量身定做的。现在，这套绅装挂在我家衣橱最显眼的位置。

我个人对藏蓝和灰色更偏爱一些，套装以年轻化的两件套为主；单西以浅色居多，我比较喜欢搭配白色裤子。我的领带特别多，衬衫也有不少，组合起来比较灵活，充满变化。

绅装其实也分为商务型和休闲型。在公司，作为领导，我对自己的要求比较高，日常办公和商务社交都以西装为主。而在工作之外，我经常穿卡其色或者浅色的西装，内搭白T恤。我也试过在秋天的时候，西装上衣配西装短裤。这种混搭，比较休闲，更符合年轻人的喜好。为了实现不同场合的切换，我会在办公室的衣柜里放一些备用的西装、T恤、POLO衫。

置装方面，我的计划性虽然不强，但是在做购买决策的时候，还是比较理性的，不会因为喜欢一件衣服就直接购买，而是会想好购入之后，如何搭配和穿着。通常，每天晚上我也会提前准备好第二天的着装。

其实，每个人都有适合自己的风格，穿搭有它的规定性，但更多的是个人喜好。不过，有些人可能喜欢比较浮夸一点，我会劝他们不要脱离大众审美。为此，我也希望自己能够不断学习和提升，以后多分享交流，让人们能够从我这里体会绅装文化，感受绅装魅力。

采访手记

许耕先生热爱运动，充满活力。他对绅装的热爱，有一部分是出于家庭的原因，传承了父母长辈对于得体着装的强调。在他年轻时尚的外表之下，是成熟理性的思考，以及对于个人形象、礼仪与良好人际关系的重视。

GENTRY ATTIRE

绅装是一种无形的教育

——朱红胜

着装对于一个人，无论从形象到社交，乃至未来的发展，都有极大的影响。

姓　名：朱红胜（2021届“乔顿先生”）

职　业：教育集团总裁

居住地：浙江省诸暨市

我一直从事教育工作，从大学毕业做老师，到后来带团队，在教育系统从事管理工作。我发现着装对于一个人，无论从形象到社交，乃至未来的发展，都有极大的影响。于是，我开始有意识地穿着绅装，注重不同场合的搭配，也将这种着装理念带入团队。

言传身教：教师就是“移动的教科书”

教育其实无处不在，学校要给孩子们创造一个环境，让他们知道以后遇到什么样的场合，该如何应对。从事教育行业，着装是最直观的审美教育。我对老师们的着装有要求，我自己也身体力行，是团队里最注重形象的人。

同时，在教育行业，我们也会接触很多学生家长。我们的着

装，包括细节，会让家长更信任我们，这也让我有一种使命感，会更加重视环境的打造和教师队伍的建设，希望影响整个团队。

绅装：绅士精神与男性魅力

我现在越来越喜欢绅装，觉得它在男装里最能突出男性魅力的着装，应该成为男性的基本着装配置。从事国际教育这么多年，我也去了很多国家，感觉西方比较注重场合，着装代表了他们的生活观念。

我觉得绅士精神是人类对自身的一种尊重。它最初来自西方，但不是西化的产物，而是人类社会内在的、对于精神世界的追求，是一种文化，应该像基因一样传递下去。我也希望中国能产生属于我们自己的、带有中国文化色彩的绅士精神。

审美是不断试错的结果

我对自己的审美非常自信，我认为品位是对自己有了要求之后，通过不断试错，形成的一种感觉。对于绅装，刚开始我会试穿各种款式、面料和颜色，反复照镜子，给大脑反馈结果，一段时间之后，自然而然会形成一种感觉。

我也会关注一些流行趋势，看公众人物的着装，注意他们如何搭配。但是公众人物的气质、体型和我并不完全一样，要穿出自己的风格，可以适度借鉴，不能一味跟风。

版型：让身体与服装对话

比较起来，绅装对身材的要求更高，因此好的版型非常关键。我和乔顿的缘分就始于版型，大概在八九年前，逛街时偶然看到乔顿，进店试穿后，发现它的版型特别适合我，穿出了定制的感觉。我甚至都不用照镜子，身体感觉舒服，就知道这件衣服正是我想要的。

其实，我也是有意识地去培养身体的这种敏感性，让身体和服装对话。服装的贴合度、塑型效果，身体自己会判断。遇到和自己身材比较契合的版型，会让人有一种归属感和依赖感，几乎不用动脑筋，只需要凭直觉选款式和颜色。

着装是一个创造的过程

我对颜色比较敏感，它涉及我们在不同时间穿什么，怎样搭配，色彩是最重要的一个因素。所以，平时在色彩方面，我也会多积累、多储备。

人们的兴趣爱好不同，每个人要找到自己的生活节奏和模式。我并不喜欢抛头露面，但是，注意自己的形象和穿着是一件令我感到愉悦的事情。可能现在还有很多男性没有意识到着装的重要性，希望大家都能重视起来，了解绅装文化，真正提升中国男性的整体形象。其实，着装也引领着我们对生活的追求，对生命价值的认知，这是一个充满创造的过程，希望有更多的人能够享受其中的乐趣。

风格：人生态度与生活方式

我现在的心态有了变化，更加注重生命的意义、时间的效益。以前，365天大部分时间都在外面应酬，现在会慢慢静下来，减少无效社交，追求简约生活。

我认为万物相通，不要把生命的过程当作家常便饭，每个人应该活出自己的味道。讲究着装是对服饰的尊重，对形象的尊重，思考生命的意义是对时间的尊重。很多人退休之后的生活越来越随意，我期待自己到老，无论穿着还是对生活品质的要求，都能一直保持。我希望凡事都有正向的意义，自己能沉淀下来，沉淀出生命的厚度。

绅装分享

基本上工作日，我每天都穿西装，会根据不同场合的需要来安排着装，一般正式的场合会搭配马甲。西装马甲是画龙点睛之笔，我非常喜欢三件套，觉得只有它才能把绅装的品位完整地呈现出来。我也喜欢搭口袋巾，这是一种细节的考验。袖扣平时用得少，一般都是比较隆重的场合。

其实，每一个场合都很重要，服装是跟场合对接的，它代表着我们的形象，替我们的身体说话。日常办公，我注重轻松舒适；出席商务社交场合，我会选择羊毛面料的西装，如果是与政府部门打交道的场合，我会选择款式简单、比较沉稳的着装；如果是比较隆重的活动，我会在搭配方面更讲究一些。而在生活场景中，我喜欢穿休闲服，比如卫衣，形象反差比较大，不仅舒适也有新鲜感。

总结起来，我的经验可以概括为三点：首先，不要只看价格，不能图便宜，把绅装当工服来穿；其次，选择适合自己的，不要贪多；最后，穿着绅装，要尊重它。绅装有自己的规则，要从内心里去接受它，读懂它的符号语言，注重场合与搭配。同时，要注意坐姿、仪态，不要破坏它的整体感觉。

采访手记

朱红胜先生的采访，经常给人一种出口成章的感觉。他的回答总是富于哲理性，语言又充满诗意。从中也能感觉到，他对很多问题有自己的思考，而且很多思考都是随着时间沉淀下来的。他就像“行走的教科书”，儒雅沉稳，通透从容，很好地诠释了成熟男性的魅力，那种经过岁月淘炼，独有的属于自己的生命味道。

参考文献

[1] 李当岐. 西服文化[M]. 武汉：湖北美术出版社，2002.

[2] 刘瑞璞，周长华，王永刚. 优雅绅士Ⅵ. 社交着装读本[M]. 北京：化学工业出版社，2015.

[3] 刘瑞璞. 礼服：男装语言与国际惯例[M]. 北京：中国纺织出版社，2002.

[4] 袁仄，胡月. 百年衣裳[M]. 北京：生活. 读书. 新知三联书店，2010.

[5] 赵平，蒋玉秋，吴琪. 服装心理学概论[M]. 3版. 北京：中国纺织出版社有限公司，2020.

[6] FASHIONARY TEAM. Fashionpedia[M]. Hong Kong：Fashionary International Ltd.，2017.

[7] 奥伯恩. 穿出格调：风度绅士的精致着装主义[M]. 唐舒芳，译. 北京：机械工业出版社，2014.

[8] 道格拉斯·汉德. 风格法则：写给职场男士的终极着装指南[M]. 滕继萌，杨锐，译. 重庆：重庆大学出版社，2020.

[9] 乔治·美第奇尼. 男士风雅：男士着装实用指南[M]. 迟培信，译. 北京：人民邮电出版社，2011.

[10] 波恩哈德·鲁特泽尔. 绅士：永恒的时尚导读[M]. 魏善全，译. 北京：北京美术摄影出版社，2013.

[11] 朱塞佩·切卡雷利. 男士着装新规范 潮男的时尚法则[M]. 麦秋林，译. 北京：北京出版集团公司，2019.

[12] 日本西装向上委员会. 穿出你的西装风格：从细节，完美展现你的品位及与众不同 [M]. 李静宜，译. 北京：中国纺织出版社，2013.

[13] 乔治·西姆斯. 男装经典：52件凝固时间的魅力单品[M]. 曹帅，译. 北京：中国青年出版社，2014.

[14] 卡利·布莱克曼. 世界男装100年[M]. 刁杰，译. 北京：中国青年出版社，2011.

[15] 尼古拉斯·安东吉亚凡尼. 男人的穿着价值千万[M]. 潘艳艳，译. 天津：天津教育出版社，2011.

[16] 威廉·索尔比. 风度何来[M]. 王学东，译. 北京：中国发展出版社，2002.

[17] 杰伊·麦考利·鲍斯特德. 男装革命：当代男性时尚的转变[M]. 安爽，译. 重庆：重庆大学出版社，2020.

[18] 多丽丝·普瑟，张玲. 穿出影响力：男性职场形象书[M]. 北京：中国纺织出版社，2008.

[19] 黄桢善. 商务男士的魅力衣装[M]. 千太阳，译. 桂林：漓江出版社，2012.

[20] 曹荟媛. 今天你穿对了吗 [M]. 北京：中国纺织出版社有限公司，2022.

[21] 刘瑞璞，张宁. TPO品牌化男装系列设计与制版训练[M]. 上海：上海科学技术出版社，2010.

[22] 中国常熟男装指数编制发布中心. 中国男装产业发展报告2017[M]. 北京：中国纺织出版社，2017.

[23] 季学源，陈万丰. 红帮服装史[M]. 宁波：宁波出版社，2003.

[24] 包铭新. 近代中国男装实录[M]. 上海：东华大学出版社，2008.

[25] 李当岐. 西洋服装史[M]. 北京：高等教育出版社，2005.

[26] 张旭华. 中国男人错穿衣2[M]. 北京：机械工业出版社，2017.

[27] 斯卡维尼. 法国男人这么装：绅士穿搭法则[M].盛柏，译. 上海：三联书店，2016.

[28] 大卫・冯，叶娜・金. 柴犬绅士[M]. 糸色空，译. 北京：北京联合出版公司，2015.

[29] 朴俊性. 型男[M]. 钱卓，译. 北京：中国纺织出版社，2013.

[30] 时涛，欧阳明德. 男装品鉴[M]. 北京：中国纺织出版社，2010.

[31] W.大卫・马克斯. 原宿牛仔：日本街头时尚五十年[M]. 吴纬疆，译. 上海：上海人民出版社，2019.

[32] C.赖特・米尔斯. 白领：美国的中产阶级[M]. 周晓虹，译. 南京：南京大学出版社，2016.

[33] 戴安娜・克兰. 时尚及其社会议题[M]. 熊亦冉，译. 南京：译林出版社，2022.

[34]刘瑞璞，陈果. 优雅绅士 I 西装[M]. 北京：化学工业出版社，2015.

[35] G.布鲁斯・博耶. 风格不朽：绅士着装的历史与守则 [M]. 邓悦现，译. 重庆：重庆大学出版社，2017.

后记

《绅装》这本书终于与读者见面了，这不仅是乔顿品牌在推动中国绅装文化的深度思考，也是乔顿在探索推广绅装文化的阶段性成果。这本书不仅仅是关于绅装穿搭与文化的介绍，更是对绅士精神的一种探讨和致敬。我们深入研究了绅装的历史、文化以及它在现代社会中的意义。从经典的三件套到现代的休闲西装，每一件服饰背后都有着丰富的故事和深厚的文化内涵。我们希望通过这本书，读者能够更加深入地了解绅装，以及它所代表的生活态度和价值观。

在《绅装》的策划、编写和出版过程中，我们深感离不开众多合作伙伴的支持与帮助。在此，我们要向所有关心、支持《绅装》的单位和个人表示衷心的感谢！

首先，感谢浙江乔顿服饰有限公司的领导层，他们以开放的心态和支持的态度，给予了我们足够的信任和自由，使得这本书能够从多角度、多层次、多领域全面展示绅装文化。

感谢中国纺织工业联合会、中国服装协会指导，《中国服饰》杂志组织策划，他们以专业的素质和严谨的态度，为本书提供了丰富的行业资料、专业见解和研究心得，使得这本书充满了权威性和指导性。

感谢北京服装学院以吴琪老师为主导，陈果老师为顾问，刘诗洋、徐昊岚、石雨晞、许琳婕、陶美杉、花琦、吴安苒、张凤娇、易文康、孙佳怡参与的编写及制图团队，以及中国纺织出版社有限公司编辑、设计、出版等环节的团队成员，特别是兰兰、杨春婷、纪振宇、赵爽，他们以敬业精神和合作意识，保证了这本书的高质量和高水准。

感谢所有接受采访的乔顿先生，他们以真诚和热情，分享了他们的着装心得和生活感悟，使得这本书充满了鲜活性、生动性和真实性。

其次，也要感谢所有阅读这本书的读者，希望《绅装》能够成为你们了解和欣赏绅装的一扇窗，也希望它能够激发你们对美好生活的向往和追求。

最后，我们想说的是，绅装不仅仅是一种服饰，它更是一种生活的艺术。在这个快节奏的时代，让我们慢下来，用心感受每一件服饰带给我们的舒适与优雅，享受那份从容与自在。

愿《绅装》能成为您衣橱中的一份珍贵指南，也愿它能够陪伴您走过每一个重要的时刻。

《绅装》编委会

2024年9月